高等职业技术教育"十三五"规划教材

计算机组装与维护实训案例

主　编　黄吉兰　朱莉萍　赵　荣

副主编　刘姗姗　龙　燕　温　然

西南交通大学出版社
·成　都·

图书在版编目（CIP）数据

计算机组装与维护实训案例／黄吉兰，朱莉萍，赵
荣主编 . 一成都：西南交通大学出版社，2015.8
高等职业技术教育"十三五"规划教材
ISBN 978-7-5643-4044-5

Ⅰ. ①计… Ⅱ. ①黄… ②朱… ③赵… Ⅲ.①电子计
算机－组装－高等职业教育－教材②计算机维护－高等职
业教育－教材 Ⅳ. ①TP3

中国版本图书馆 CIP 数据核字（2015）第 162016 号

高等职业技术教育"十三五"规划教材

计算机组装与维护实训案例

主编　黄吉兰　朱莉萍　赵　荣

责 任 编 辑	李芳芳
特 邀 编 辑	穆　丰
封 面 设 计	墨创文化
出 版 发 行	西南交通大学出版社 （四川省成都市金牛区交大路 146 号）
发 行 部 电 话	028-87600564　028-87600533
邮 政 编 码	610031
网　　　　址	http://www.xnjdcbs.com
印　　　　刷	成都中铁二局永经堂印务有限责任公司
成 品 尺 寸	185 mm×260 mm
印　　　　张	10.75
字　　　　数	265 千
版　　　　次	2015 年 8 月第 1 版
印　　　　次	2015 年 8 月第 1 次
书　　　　号	ISBN 978-7-5643-4044-5
定　　　　价	28.00 元

前　言

在当今社会计算机已不再是奢侈品，且已成为个人和单位不可缺少的工具。对于计算机用户来说，计算机硬件的简单安装与选购、系统的安装与备份、数据的维护与优化以及故障的排除等都是必须掌握的基本知识。为了使计算机组装与维护教材的内容紧跟计算机技术的发展，编者根据多年来的教学经验，编写了《计算机组装与维护》这本书。

本教材编写的理念是：以就业为导向，以学生为主体，着眼于学生职业生涯的发展，注重学生职业素养培养。主要采用"任务驱动+知识学习+任务实施"三位一体的教学模式组织教学内容。每章节安排针对本章任务的理论知识与实际操作的练习，以训练学生理论与实际相结合的能力，培养学生对问题的抽象、归纳等能力。本教材从第一章到最后一章，不管是从整体还是局部而言知识的讲解都是由浅到深循序渐进，在培养学生掌握基本知识的同时，使其解决问题的能力也有所提高。

本教材的特点：

（1）作为一门专业基础课程，同时也是一门专业技能型课程，在内容上主要以基础知识、常见问题为线索进行讲解；在实训上的设计主要以如何解决日常问题为向导，指导学生用所学知识解决这些问题。

（2）为满足"以能力为中心"的培养目标要求，本教材改变了传统教材的编写方法，采用以"任务为驱动"教学模式，同时讲解必要的理论知识，使学生能完成相应的实训实验。

（3）本书案例的选取都是和日常生活密切相关的课题，例如如何选购电脑，如何安装操作系统，如何备份数据等；同时也有相对比较困难的部分如 BIOS、注册表的设置等。

参与本书编写的有四川长江职业学院黄吉兰、朱莉萍、赵荣、龙燕、温然、李鑫及四川师范大学刘姗姗。黄吉兰、朱莉萍、赵荣为主编，四川师范大学刘姗姗、四川长江职业学院龙燕、温然为副主编。黄吉兰负责第 1、2、5 章编写，朱莉萍负责第 3 章编写，赵荣负责第 4 章编写，刘姗姗、温然、龙燕负责第 5 章编写，刘姗姗、李鑫负责附录一、二、三与第 5 章部分故障与解决方法的编写。

本书可作为高职高专院校计算机专业的学生、计算机维修人员和广大计算机用户的教材或参考用书，同时也可作为社会培训班的教材使用。

由于作者水平有限，书中不足与疏漏之处在所难免，敬请广大读者批评指正，编者不胜感激。

编　者
2015 年 3 月

目　录

第 1 章　计算机硬件配置

【教学内容及目标】
（1）了解计算机的发展历史。
（2）了解计算机的硬件组成。
（3）掌握计算机硬件的拆装方法。
（4）掌握计算机主要硬件设备的识别。

任务 1　计算机硬件设备的认识

1.1　概　　述

电子计算机按组成结构、运算速度和存储容量上的不同可分为巨型机、大型机、中型机、小型机和微型机，最常见的是微型机。

1946 年，世界上第一台电子数字计算机（ENIAC）在美国宾夕法尼亚诞生。它大约由 18 000 个电子管、60 000 个电阻器、10 000 个电容器和 6 000 个开关组成，重达 30 吨，占地 160 平方米，耗电 174 千瓦（据传 ENIAC 每次一开机，整个费城西区的电灯都为之黯然失色），耗资 45 万美元。但是，这台计算机每秒只能运行 5 千次加法运算（用十进制计算），仅相当于一个电子数字积分计算机，如图 1-1 所示。

图 1-1　第一台电子数字计算机（ENIAC）

此后，电子计算机随其主要部件的发展，先后经历了下面几个时代：

1942—1956：电子管时代；

1955—1964：晶体管时代；

1964—1970：小规模集成电路时代；

1971 至今：大规模和超大规模集成电路时代。

1.2 计算机内部设备

计算机内部结构如图 1-2 所示。

图 1-2　主机内部结构

1. 中央处理器（CPU）

中央处理器（CPU）是计算机的核心部件，完成计算机的各种运算、控制等操作。目前主要分为了 intel 和 AMD 两大类，如图 1-3 所示，CPU 内部结构与散热风扇如图 1-4、图 1-5 所示。

图 1-3　CPU 外观

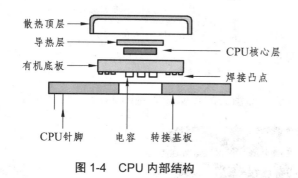

图 1-4　CPU 内部结构

图 1-5　CPU 散热风扇

2. 主板

位于机箱底部的是一块大印刷电路板（又称系统板或母板），如图 1-6 所示。主板上面部分插槽的说明如下：

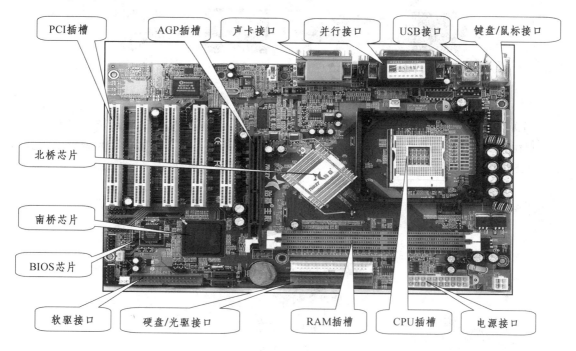

图 1-6　主板及插槽

北桥芯片：被用来处理高速信号，通常处理 CPU（处理器）、RAM（内存）、AGP 端口或 PCI Express 和南桥芯片之间的通信。

南桥芯片：负责 I/O 总线之间的通信，如 PCI 总线。

PCI 插槽：可插接显卡、声卡、网卡、内置 Modem、电视卡、视频采集卡以及其他种类繁多的扩展卡等。

AGP 插槽：作为加速图像处理端口（Accelerated Graphics Port），供显卡使用。

3. 存储器

存储器（Memory）是计算机系统中的记忆设备，用来存放程序和数据。

按读写功能分类:

只读存储器（ROM）：存储的内容是固定不变的，只能读出而不能写入。

随机读写存储器（RAM）：既能读出又能写入的存储器。

按信息保存性分类:

非永久记忆的存储器（内存）：断电后信息即消失的存储器（见图1-7）。

图1-7　非永久记忆的存储器

永久记忆性存储器（外存）：断电后仍能保存信息的存储器（见图1-8）。如:

软盘　　　　　　硬盘　　　　　　光盘　　　　　闪存盘

图1-8　永久记忆的存储器

1）硬盘

硬盘存储器简称为硬盘，是计算机配置中非常重要的外存储器，由盘片和硬盘驱动器构成，如图1-9所示。硬盘容量为250 GB、500 GB，1 TB甚至更高。

图1-9　硬盘

2）光盘和光驱

光盘利用光学原理实现数据的读写。目前使用的光盘分为3类：只读光盘（CD-ROM）、一次写入光盘和可抹型光盘，光盘的外观如图1-10所示。

图1-10　光盘

思考：内外存之间主要差别是什么？

4. 显示卡

显示卡（也称为显卡）是连接主板与显示器的适配卡，主机对显示屏幕的任何操作都要通过显卡控制。现在的显卡大多为图形加速卡，放置在 AGP 插槽中，如图 1-11 所示。

图 1-11　显卡

5. 声卡

随着多媒体技术的广泛应用，声卡的使用日渐流行起来。在普通计算机的基础上安装声卡和音箱，就拥有了一台有声多媒体计算机。声卡的主要作用是采集和播放声音，图 1-12 所示就是一种常见声卡的外观。当然，许多主板已经集成了 AC97 声卡，就不需要额外的声卡了。

图 1-12　声卡

6. 网卡

网卡也叫网络接口卡（Network Interface Card，NIC），它是计算机与局域网线路连接的关键部件，将其插入主板的扩展槽并安装相应的驱动程序，利用提供的网络线路接口就可以实现计算机与局域网的连接与通信。如图 1-13 所示是常见网卡的外形。

图 1-13　网卡

1.3 计算机外部设备

1. 显示器

显示器（也叫监视器）是计算机必不可少的输出设备，通过显示器可以显示操作系统界面、系统提示、程序运行的状态和结果等，显示器的外观如图1-14所示。

图1-14 显示器

2. 键盘和鼠标

键盘、鼠标是最常用和最基本的一种输入设备，如图1-15所示。

USB接口

键盘

图1-15 键盘鼠标

3. 音箱和耳机

现代的PC强调声光效果，如果没有一对好的音箱，在玩游戏、听音乐、看电影时一定失色不少，无法"声临其境"，如图1-16所示的就是一款漂亮的音箱设备。

图1-16 音响　　　　　　图1-17 打印机

4. 打印机

为了将计算机输出的内容印在纸上以便保存，就要通过打印机输出。因此，打印机是计算机系统中常用的输出设备。如图 1-17 所示是一台喷墨打印机的外形图（不同型号的喷墨打印机，有不同的外观）。

5. 机箱与电源

机箱有卧式和立式两种。目前流行的是立式机箱。机箱内的电源独立放在一个小的铁箱中，其作用是将交流电 220 V 变换成计算机所需的各种低压直流电压，如图 1-18 所示。

图 1-18   机箱与电源

1.4   任务总结

计算机由硬件、软件组成（见图 1-19）。所谓硬件（Hardware）就是指组成计算机看得见、摸得着的实际物理设备，如显示器、光驱、键盘、鼠标、CPU 等。而软件（Software）是指为了运行、管理和维护计算机系统所编制的各种程序的总和，常用软件如 Windows XP、Office 2000、QQ 等。只有硬件系统而没有软件系统的计算机称为裸机，裸机不能完成任何操作。

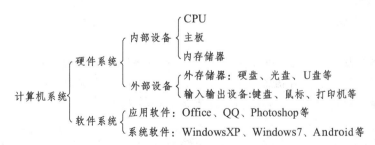

图 1-19   计算机硬件系统和软件系统

1.5   任务实施

请在表 1-1 中写出配置计算机所需要的硬件设备。

表 1-1　配置计算机所需硬件设备

编号	硬件设备名称	备注

任务 2　硬件设备的拆装方法

2.1　工具准备

（1）十字螺丝刀（带磁性，见图 1-20）：拆卸和安装螺钉的常用工具。为什么要准备带磁性的螺丝刀呢？这是由于计算机器件安装后排列较紧密，空隙较小，螺钉一旦掉落其中就不好取出，使用磁性螺丝刀可以吸住螺钉，在安装时比较方便。

图 1-20　十字螺丝刀

（2）一字螺丝刀：用来拆开产品包装盒、包装封条等，如图 1-21 所示。

（3）镊子：用来夹取螺钉、跳线帽及其他一些较小的器件，如图 1-22 所示。

图 1-21　一字螺丝刀　　　　　　　　　　　　图 1-22　镊子

（4）尖嘴钳：用于在安装主板时固定金属支撑柱，也可用来拆卸机箱后面的板卡挡板，如图 1-23 所示。

（5）小毛刷：用于清理硬件设备长期积累的灰尘，避免因灰尘堆积而引起的接触性故障，如图 1-24 所示。

图 1-23　尖嘴钳　　　　　　　　　　　　图 1-24　小毛刷

（6）吹风球：用于吹去硬件设备上长期积累的灰尘。在用小毛刷刷过之后，可用吹风球吹去灰尘（因为用嘴吹出的气含有水汽，可能导致设备短路，烧坏设备），如图 1-25 所示。

（7）橡皮擦：用于擦除显卡、内存条等金手指上长期形成的氧化膜，如图 1-26 所示。

图 1-25　吹风球　　　　　　　　　　　　图 1-26　橡皮擦

（8）万用表：常用于检查电源的输出电压及电源线、扁平数据电缆线的通断等，以防止意外情况发生，如图 1-27 所示。

图 1-27　万用表

（9）小器皿用来分类存放装机的各种规格的螺丝钉，以防止丢失或误用，如图 1-28 所示。

图 1-28　小器皿

2.2　硬件拆装方法与步骤

拆卸和安装部件时，一定要先仔细察看，再动手拆卸，不可过度用力以防损坏部件。方法与步骤如下：

1. 拆开主机箱，观察机箱内部部件

（1）打开主机箱，观察主机箱的结构。

（2）找到下列部件的安装位置，并仔细观察它们的连接方式：主板、CPU、内存条、电源、显卡、声卡、网卡、硬盘、软驱、光驱。

2. 拆卸硬盘

（1）仔细观察硬盘在主机箱内的安装方式。

（2）拔掉电源与硬盘相连的电源线。

（3）拔掉安在硬盘上的数据排线，并将数据排线的另一端从主板拔出。

（4）卸掉紧固硬盘的螺丝钉，取出硬盘。

3. 拆卸光驱（方法同拆卸硬盘）

4. 拆卸软驱（方法同拆卸硬盘）

5. 拆卸扩展卡（包括显卡、声卡、网卡等）

（1）用工具卸掉紧固扩展卡的一个螺丝钉。

（2）用双手将扩展卡从主板上拔出。

6. 拆卸 CPU

（1）仔细观察 CPU 风扇的安装方式。

（2）在实验教师的指导下拆卸 CPU 风扇。

（3）仔细观察 CPU 的安装方式。

（4）在实验教师的示范下拆卸 CPU。

7. 拆卸内存条

（1）用双手掰开内存条插槽两边的白色卡柄。

（2）取出内存条。

8. 拆卸主板

（1）观察主板与主机箱的紧固方式。
（2）观察信号线在主板上的插法。
（3）拆卸紧固主板的螺丝钉。
（4）拔掉安在主板上的信号线和电源线，取出主板。
（5）用尖嘴钳卸下主板与机箱间的铜柱。

9. 拆卸电源

（1）观察电源与主机箱的紧固方式。
（2）拆卸紧固电源的螺丝钉，取出电源。

10. 安装以上拆卸的计算机配件

（1）思考安装顺序应该怎样，并拟订安装顺序方案。
（2）根据所拟安装顺序依次安装各部件。
（3）无法安装的部件请求实验指导教师的帮助。

2.3 任务实施

请在表 1-2 中写出拆装硬件的步骤与问题

表 1-2 拆装硬件的步骤与问题

编号	硬件设备名称	拆装方法的简单描述	备注

任务 3　计算机硬件设备的配置

3.1　主　板

主板（Mainboard）也称系统板（System Board）、母板（Mother Board），是计算机系统基本核心部件（骨架）。主板是计算机硬件的运行平台和组建平台，为 CPU、内存条及各种功能卡（显卡、声卡、网卡等）提供安装插槽（座）；为各种存储设备，输出设备（键盘、鼠标、打印机、扫描仪等）提供接口。计算机通过主板将各种部件和设备有机地结合起来，形成了一个完整的系统，因此，主板在很大程度上影响着计算机的整体运行速度和稳定性。

1. 主板的分类

1）按主板上使用的 CPU 接口分类

主板按照 CPU 接口分为 Socket 370、Socket 423、Socket 478、Socket 754、Socket 775、Socket 939、Socket 940、LGA 1156，LGA 1155，LGA 1366，Socket AM3，Socket AM2+，Socket AM2 等接口类型主板。这几种接口的主板分别适合于不同的 CPU 类型。目前 CPU 生产厂商主要有 intel 和 AMD 两家，标志如图 1-29 所示。

图 1-29　intel、AMD 的 CPU 标志

2）按主板结构分类

现在的主流结构是 ATX，早先的 AT 结构已很少使用。NLX 结构在普通主板市场上并没有零售，因为它的结构小巧特殊，可以使用体积较小的机箱，所以目前仅用于国外品牌机。Flex ATX 结构的主板高度整合，体积更小。

3）按主板的芯片组分类

芯片组（Chipset）是主板的核心部件（相当于"心脏"），它与 CPU 配合，协调指挥所有硬件有条不紊的进行工作，一般由南桥芯片（South Bridge）和北桥芯片（North Bridge）两块组成（也有南北结合一体，称之为整合芯片组），它决定了主板的性能和级别。现在市场上有 Intel、VIA、SiS 等芯片组制造商。其中以 Intel、VIA 芯片组性能最出色。

（1）北桥芯片——主要负责 CPU、内存、AGP 等的接口及其连接控制等工作。（注意：北桥芯片是靠近 CPU 的那个芯片，它是起主导作用的，通常以北桥芯片的名称来命名整个芯片组）

（2）南桥芯片——主要负责软驱、硬盘、键盘、PCI 等接口及 USB 端口的连接控制，以及管理总线的工作。

4）按生产厂家分类

生产主板芯片的厂家虽然只有 Intel、VIA、Ali、SiS、Ali、nVIDIA 等几家，但生产主板的厂家却很多。市场上常见的主板品牌有：精英、华硕、微星、技嘉、磐英、承启、铂钰、联想 QDI、美达、钻石、硕泰克、大众、昂达、三帝、升技、捷波等。

2. 主板的组成

主板由 CPU 插槽、内存槽、高速缓存、控制芯片组、总线扩展（ISA、PCI、AGP、PCI-E）、外设接口（键盘口、鼠标口、COM 口、LPT 口、GAME 口）、CMOS 和 BIOS 控制芯片等组成，如图 1-30 所示。

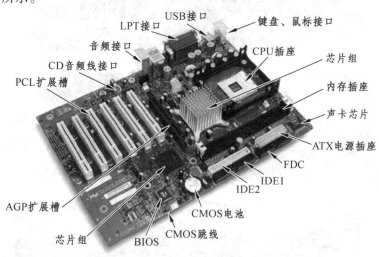

图 1-30　主板的组成

下面对主板的主要组成部分进行详细的讲解。

1）CPU 插槽

作用：装载不同型号的 CPU 到主板上。

分为两类：

（1）Socket：Socket 7、Socket 370、Socket A、Socket 423/478 等。

（2）Slot：Slot 1、Slot A、Slot 2

两者区别：尺寸和针孔数量有差异、外观基本相同，现在基本不用 slot 插槽了。

提示：不同的 CPU 需要配合不同的主板，不是所有的 CPU 都能安装到同一块主板上。

目前的 CPU 插槽基本都是 Socket 架构的，即都是插针型的，但有不同的针脚数，如有 Socket 478、Socket 462、Socket 754、Socket 939 等。如图 1-31 所示是主板上具有 Socket 架构的 CPU 插座。该插座支持 Intel 公司开发的 Pentium 4775 系列，即 CPU 的针脚数（触点）是 775 个。

图 1-31　Socket 架构的 CPU 插座

2）内存条插槽

主板上的内存插槽是安装内存的地方，根据内存种类的不同，主板上的内存插槽也不同。目前市场上出售的主流主板提供 DDR 3 内存插槽，在我们维修计算机时还可能遇到 SDRAM 内存插槽、DDR 内存的 184 线的插槽，DDR 2 内存的插槽。这三种内存插槽，如图 1-32 所示。

（a）SDRAM 内存插槽示意图

（b）DDR 和 DDR2 内存插槽

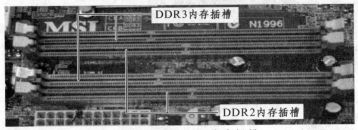

（c）DDR2 和 DDR3 内存插槽

图 1-32　三种内存插槽比较

3）电源插座

电源插座是主板与电源连接的接口，负责为 CPU、内存、硬盘以及各种板卡提供电能。主板上的电源插座有 20 芯和 24 芯两种，这两种电源插座均有防错结构。24 芯电源插座兼容 20 芯的电源连接线，目前已经普遍使用 24 芯电源插座，这种插座可以为新型的 CPU 供应更充足的电量以及提供更好的电路保护，如图 1-33 所示。

图 1-33　20 与 24 芯电源插座

4）总线扩展槽

系统输入输出总线扩展槽（System Input/Output Bus Slot）是主板上的几个标准插槽，这些插槽均与主板上的系统 I/O 总线相连，是现代计算机一种重要的接口。其作用是可插显卡、声卡、网卡、内置 MODEM 等扩展卡。

（1）PCI（外围器件互联总线）插槽：

这种插槽可接的扩展卡有 PCI 显卡、PCI 网卡、PCI 声卡等，如图 1-34 所示。

图 1-34　PCI 插槽

在一些老的主板上还可以看见 ISA（工业标准体系结构总线）插槽，这种插槽也可以接 ISA 显卡、ISA 网卡、ISA 声卡等，如图 1-35 所示。

图 1-35　ISA 插槽

（2）AGP（图形加速接口）插槽。

AGP 是 Accelerated Graphics Port 的缩写，如图 1-36 所示，是显示卡的专用扩展插槽，是在 PCI 图形接口的基础上发展而来的。AGP 规范是英特尔公司为了解决计算机处理（主要是显示）3D 图形能力较差的问题而发布的。AGP 并不是一种总线，而是一种接口方式。

随着 3D 游戏做得越来越复杂，其中使用了大量的 3D 特效和纹理，使得原来传输速率为 2 Gb/s 的 AGP 总线越来越不堪重负。为此，推出了拥有高带宽的 PCI-E 接口。这是一种与 PCI 总线迥然不同的图形接口，它采用点对点的独享式传输方式，使得对 3D 图形的传输速率超过 PCI 总线的带宽，从而很好地解决了低带宽 AGP 接口造成的系统瓶颈问题。现在 AGP 插槽已经渐渐被 PCI 扩展插槽所代替，如图 1-37 所示。

5）SATA 数据接口

SATA 数据接口与之前的 IDE 数据接口而言，它的速度更快，传输距离更长。SATA 1.0 标准的传输速率为 150 Mb/s，现在的 SATA 2.0/3.0 更可提升到 300 ~ 600 Mb/s，甚至更高。为避免信号衰减或干扰问题，SATA 数据线的长度被限制在了 45 cm（18 英寸）以内，而 SATA 的线缆长度则可延长到 1 m，这对 PC 而言已经足够了，如图 1-38 所示。

（a）

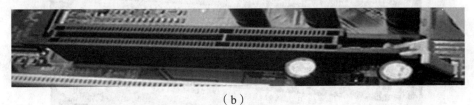

（b）

图 1-36 AGP 插槽

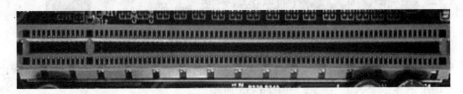

图 1-37 PCI 扩展插槽

图 1-38 SATA 接口与数据线

3. 主板选购注意事项与排行

1）选购原则

主板是直接关系到计算机性能、稳定性和可扩展性的一个关键部件。市场上有众多不同档次的品牌和类别，这给用户购买主板带来了一定的困难。

（1）根据需求选购主板。

用户要根据需求灵活选择，满足需求即可，不要盲目追求高配置，浪费资源。

（2）性价比。

一定价格前提下，尽量购买性能高的主板。

（3）主板要与 CPU、内存匹配。

选择什么样的主板要与所选择的 CPU 与内存在性能上匹配，这样才能发挥主板的最佳性能。

（4）兼容性。

主板兼容性是主板稳定工作的一个主要因素，如果其兼容性不好，会导致主板工作不稳定，为后期的维护、维修带来很多麻烦。

（5）升级和扩充。

购买主板时要考虑到主板的可升级性和扩充功能的方便性，这是后期节约投资所必须的。

（6）选择厂家和商家。

一般情况下为保证售后服务的质量，应选择有实力的厂家和商家的产品，以保证能获得较好的售后服务。

2）识别主板质量

在购买主板时，关键还是要掌握一些方法来识别主板质量。

（1）间接观察法。

在购买主板前，可先通过报刊、杂志、网络和询问等方式获得有关主板信息（如价格、稳定性、兼容性、售后服务等）的第一手资料，做到心里先有个底。

（2）直接观察法。

① CPU 插槽的周围是否有足够空间，会不会影响 CPU 的拆装和散热。

② 主板控制芯片组与 CPU、内存和 AGP 的距离要等长，否则会影响到信号传输的稳定性。

③ 走线安排是否合适。

④ 各种插槽的位置是否合理。特别要注意到内存插槽、显卡插槽的位置，因为这关系到内存条、显卡的安装和散热；另外，还要注意 IDE、电源插槽、USB 等接口位置是否合理，便于安装和拆卸。

⑤ 整体的光洁度。一块光亮整洁、板卡周围无毛刺、无颜色偏差现象的主板可在一定程度上反映厂家的制造实力。

⑥ 检查电容质量。电容是主板质量的关键，也是衡量主板做工的重点。电容在主板上的作用主要是保证电压和电流的稳定，起到储能、滤波、延迟等作用，并保证相关信号的稳定性、时序性和完整性。

⑦ 检查插槽与接口。这里主要看 CPU、内存条、显卡、PCI、IDE 等插槽和接口等，关注它的用料如何，看看是不是名牌、高品质厂家的产品。一般大厂家都会采用如 AMP、Molex、Foxconn 等知名厂家的产品。如果插槽和接口质量低劣，在使用过程中就会出现如内存报警、连接松动、接口或插槽损坏等故障现象，影响设备工作的稳定性。一般质量好的插槽和接口在上面都有厂家的标志。

3）测试

可以用系统测试软件测试主板的技术参数（如 AIDA），通过测试结果可以看出主板的综合性能。也可以用游戏测试在长时间运行的情况下主板工作的稳定性。

4）主板排行

一线品牌的主板介绍如下：

（1）华硕。

全球第一大主板制造商，高端主板尤其出色，超频能力很强；同时价格也是最高的。主板如图 1-39 所示，主板技术参数见表 1-3。

图 1-39 华硕 Z87-PLUS 主板

表 1-3 华硕 Z87-PLUS 主板技术参数

主板芯片	集成芯片	声卡/网卡
	芯片厂商	Intel
	主芯片组	Intel Z87
	芯片组描述	采用 Intel Z87 芯片组
	显示芯片	CPU 内置显示芯片（需要 CPU 支持）
	音频芯片	集成 Realtek ALC8928 声道音效芯片
	网卡芯片	板载 Intel 千兆网卡
处理器规格	CPU 平台	Intel
	CPU 类型	Core i7/Core i5/Core i3/Pentium/Celeron
	CPU 插槽	LGA 1150
	CPU 描述	支持 Intel 22 nm 处理器
	支持 CPU 数量	1 个
内存规格	内存类型	DDR 3
	内存插槽	4×DDR 3 DIMM
	最大内存容量	32 GB
	内存描述	支持双通道 DDR 31600/1 333 MHz 内存可最高超频到 3 000 MHz
扩展插槽	显卡插槽	PCI-E3.0 标准
	PCI-E 插槽	3×PCI-EX16 显卡插槽；2×PCI-EX1 插槽
	PCI 插槽	2×PCI 插槽
	SATA 接口	8×SATA III 接口

I/O 接口	USB 接口	8×USB2.0 接口（内置）；8×USB3.0 接口（2 内置+6 背板）
	HDMI 接口	1×HDMI 接口
	外接端口	1×DVI 接口；1×VGA 接口；1×Mini DisplayPort 接口
	PS/2 接口	PS/2 键鼠通用接口
	其他接口	1×RJ45 网络接口 1×光纤接口音频接口
板型	主板板型 外形尺寸	ATX 板型 30.5×23.37 cm
其他参数	多显卡技术	支持 AMDQuad-GPUCrossFireX 双卡四芯交火技术，支持 NVIDIAQuad-GPUSLI 双卡四芯交火技术
	音频特效	不支持 HIFI
	电源插口	一个 8 针，一个 24 针电源接口
	供电模式	8+2 相
	RAID 功能	支持 RAID0，RAID1，RAID5，RAID10
	其他特点	第 4 代双芯智能处理器，4 重优化，DIGI+VRM，DRAM 数字供电，RemoteGO!乐趣无线，5 重防护，UEFIBIOS 增强版，网络智能管理中心，USB3.0 加速，智能管家 3 代，MemOK!内存救援等

（2）微星。

在大学生中颇受欢迎。其主要独特的地方是附件齐备而且豪华，但超频能力不算出色，中低端某些型号"抽水"比较严重，甚至有假货出现。主板如图 1-40 所示，主板技术参数见表 1-4。

图 1-40　微星 B85-G43 GAMING 主板

表 1-4　微星 B85-G43 GAMING 主板技术参数表

主板芯片	集成芯片	声卡/网卡
	芯片厂商	Intel
	主芯片组	Intel B85

主板芯片	芯片组描述	采用 Intel B85 芯片组
	显示芯片	CPU 内置显示芯片（需要 CPU 支持）纠错
	音频芯片	集成 Realtek ALC1150 8 声道音效芯片
	网卡芯片	板载 Killer E2205 千兆网卡
处理器规格	CPU 平台	Intel
	CPU 类型	Core i7/Core i5/Core i3/Pentium/Celeron
	CPU 插槽	LGA 1150
	CPU 描述	支持 Intel 22 nm 处理器
	支持 CPU 数量	1 个
内存规格	内存类型	DDR 3 纠错
	内存插槽	4×DDR 3 DIMM
	最大内存	容量 32 GB
	内存描述	支持双通道 DDR 3 1 600/1 333/1 066 MHz 内存
扩展插槽	显卡插槽	PCI-E3.0 标准
	PCI-E 插槽	2×PCI-EX16 显卡插槽 2×PCI-EX1 插槽
	PCI 插槽	3×PCI 插槽
	SATA 接口	2×SATA II 接口；4×SATA III 接口
I/O 接口	USB 接口	8×USB 2.0 接口（2 内置+6 背板）；4×USB 3.0 接口（2 内置+2 背板）
	HDMI 接口	1×HDMI 接口
	外接端口	1×DVI 接口；1×VGA 接口
	PS/2 接口	PS/2 键鼠通用接口
	其他接口	1×RJ45 网络接口 音频接口
板型	主板板型	ATX 板型
	外形尺寸	30.5 cm×24.4 cm
其他参数	多显卡技术	支持 AMD CrossFireX 混合交火技术
	音频特效	支持 HIFI
	电源插口	一个 8 针，一个 24 针电源接口

准一线品牌有：

（3）升技。

超频作为第一要务，做工用料方面丝毫不逊色于一线品牌，但只做 DIY（Do It Yourself）市场，所以受到诸多 DIYER 的青睐，仅次于华硕。

（4）磐正。

原名磐英，因为在国内被抢注而改名磐正，与升技的风格类似。

3.2 CPU

1. 概述

人们常说CPU是计算机的大脑，这种比喻一点也不夸张，计算机的一切活动都要经过CPU的处理。它由运算器、控制器、寄存器组和内部总线等构成。CPU的内部结构分为控制单元、逻辑单元和存储单元三大部分，这三大部分相互协调，可以进行分析、判断、运算，并控制计算机各部分有序工作。

1978年：美国Intel公司生产了第一块16位CPU（i8086），它使用的指令代码为X86指令集。

1981年8月：美国IBM推出第一台IBM-PC机（i8088），一个全新的概念——个人计算机（PC），取代了"微计算机"的概念。

1985年：80386的问世，成为全32位微处理器芯片的最杰出代表，也是X86家族中第一款32位芯片。

2004年：AMD公司的Athlon 64 CPU的问世，计算机进入64位时代。

CPU的发展代表了目前计算机发展的大趋势，考量计算机性能的第一步就是要看计算机的CPU指标，它始终是人们最关心的计算机部件。按生产厂商来分类主要有Intel、AMD两家。

英特尔公司是全球最大的半导体芯片制造商，它成立于1968年，具有41年产品创新和市场领导的历史。1971年，英特尔推出了全球第一个微处理器。微处理器所带来的计算机和互联网革命，改变了整个世界。英特尔公司（Intel Corporation，总部位于美国加利福尼亚州圣克拉拉。英特尔的创始人Robert Noyce和Gordon Moore原本希望他们新公司的名称为两人名字的组合——Moore Noyce，但当他们去工商局登记时，却发现这个名字已经被一家连锁酒店抢先注册。不得已，他们采取了"INTegrated ELectronics（集成电子）"两个单词的缩写为公司名称。

AMD成立于1969年，总部位于加利福尼亚州桑尼维尔。专门为计算机、通信和消费电子行业设计和制造各种创新的微处理器（CPU、GPU、APU、主板芯片组、电视卡芯片），以及提供闪存和低功率处理器解决方案。目前AMD在CPU市场上的占有率仅次于Intel。

2. CPU性能指标

1）主频

主频是CPU的时钟频率（即CPU Clock Speed），可以通俗地理解为CPU运算时的工作频率。通常来说，主频的高低将直接影响CPU的运算速度，一般而言主频越高，运算速度越快。例如："奔腾4 3.0 GHz"，其中的3.0 GHz指的就是CPU的主频。选购时首先要考虑的就是主频。

2）外频

外频指的是系统总线的工作频率，单位是MHz，是指CPU到主板芯片组之间的数据传输速度。目前CPU的外频为100 MHz、133 MHz和200 MHz，在实际运行过程中，不但受到CPU的速度影响，而且还受到主板和内存速度的限制。由于内存速度和主板速度大大低于CPU的主频，因此为了能够与内存、主板的速度保持一致，就需要降低CPU的速度，即无论CPU

内部的主频速度有多高，数据一旦发送出 CPU，都将降到与主板相同的速度。

3）倍频

倍频指的是 CPU 的外频与主频相差的倍数。主频、外频和倍频三者之间的关系是：主频＝外频×倍频。例如，外频是 133 MHz，如果以 20 倍的倍频运行，CPU 的主频便是 133 MHz×20＝2.66 GHz。

除了这几个频率指标外，有时还会遇到"锁频"和"超频"等术语。锁频是指厂家将 CPU 的倍频锁定，使之不能被调整，现在的 CPU 基本上都锁定了倍频。超频指的是将外频或倍频人为地提高，使其工作频率超过锁定的主频，从而提高产品性能。动态超频和睿频均是指当启动一个运行程序后，处理器自动加速到合适的频率。

4）前端总线频率

前端总线频率 FSB（Front Side Bus）直接影响 CPU 与内存的数据交换速度。前端总线频率的速度指的是数据传输的速度，由于数据传输最大带宽取决于所有同时传输的数据的宽度和传输频率，即数据带宽＝（总线频率×数据位宽）÷8。目前 CPU 的前端总线频率有 266 MHz、333 MHz、400 MHz、533 MHz、800 MHz、1 066 MHz、1 333 MHz 几种。

目前，前端总线频率在 CPU 的选购单上已经没做说明了，主要是 2010 年初英特尔推出基于 32 nm 的全新酷睿 i3/i5/i7 处理器后，个人计算机的性能以更小的尺寸、更好的性能、更智能的表现以及更低的功耗出现在人们的面前。

5）工作电压

工作电压指的是 CPU 正常工作时所需的电压。随着 CPU 制造工艺与主频的提高，近年来各种 CPU 的工作电压有逐步下降的趋势，以解决发热过高的问题。根据 CPU 不同型号的电压有所不同，一般都在 1.4～1.7 V 之间。

6）高速缓存

高速缓存（Cache）是一种速度比主存更快的存储器，其功能主要是减少 CPU 因等待低速主存所导致的延迟，以改进系统的性能。Cache 在 CPU 和主存之间起缓冲作用，高速的 Cache 可以减少 CPU 等待数据传输的时间。CPU 需要访问内存数据时，首先访问速度很快的 Cache，当 Cache 中有 CPU 所需的数据时，CPU 将不用等待而直接从 Cache 中读取。因此，Cache 技术直接关系到 CPU 的整体性能。当然，Cache 并不是越大越好，当 CPU 的 Cache 的大小达到一定水平后，如果不及时更新 Cache 算法，CPU 性能并不会有实质上的提高。

高速缓存一般分为一级高速缓存 L1 Cache 和二级高速缓存 L2 Cache。L1 Cache 建立在 CPU 内部，与 CPU 同步工作，CPU 在工作时首先调用其中的数据。L2 Cache 一般集成在 CPU 中。L1 Cache 缓存的级别高于 L2 Cache，CPU 在读取数据时，如果要调用的数据不在 L1 Cache 内，才会到 L2 Cache 中调用。

7）多核心类型

在 2005 年以前，主频一直是两大处理器巨头——Intel 和 AMD——争相追逐的焦点，而且处理器主频也在 Intel 和 AMD 的推动下达到了一个又一个的高度。就在处理器主频迅速提升的同时，人们发现单纯主频的提升已经无法为系统整体性能的提升带来明显的好处，并且高主频带来了处理器巨大的发热量，更为不利的是 Intel 和 AMD 在处理器主频提升上都已经有些力不从心了。在这种情况下，Intel 和 AMD 都不约而同地将目光投向了多核心的发展方向——在不用进行大规模开发的情况下将现有产品发展为理论性能更强大的多核心处理器系统。多核处理器就是基于单个处理器基础上拥有两个以上一样功能的处理器核心，即是将多个物理处理器核心整合进一个处理器封装中，如双核、三核、四核、六核处理器等。

8）超线程技术

所谓"超线程（Hyper-Threading，HT）"技术就是利用特殊的硬件指令，把两个逻辑内核模拟成两个物理芯片，使单个处理器都能使用线程级并行计算，进而兼容多线程操作系统和软件，以减少 CPU 的闲置时间，提高 CPU 的运行效率。

9）制造工艺

制造工艺，在之前其精度以 μm（长度单位，1 微米等于千分之一毫米）来表示，现在是以纳米（1 纳米等于千分之一微米）为单位。单位越小就表示单位面积内可以制造更多的电子元件，连接线也越精细，提高 CPU 的集成度，减少 CPU 的功耗。第一代奔腾 CPU 的制造工艺是 0.35 μm，奔腾 4 CPU 的制造工艺达到 0.09 μm，现在的酷睿和奔腾达到了 22 nm。

3. Intel 酷睿 CPU 命名规则与参数

1）命名规则

在命名方式上，以第二代 Core i7 2600 为例子，"Core"是处理器品牌酷睿，"i7"是定位标识，"2600"中的"2"表示第二代，"600"是该处理器的型号。至于型号后面的字母，会有四种情况：不带字母、K、S、T。不带字母的是标准版，也是最常见的版本；"K"是不锁倍频版；"S"是节能版，默认频率比标准版稍低，但睿频幅度与标准版一样；"T"是超低功耗版，默认频率与睿频幅度更低，主打节能。

2）CPU 提供的参数列表

下面以 Intel CPU 酷睿为例，如表 1-5 所示

表 1-5　Intel 酷睿 i7 4770K 参数列表

基本参数	适用类型	台式机
	CPU 系列	酷睿 i7 4770K
	包装形式	盒装
CPU 频率	CPU 主频	3.5 GHz
	最大睿频	3.9 GHz
	外频	100 MHz
	倍频	39 倍
CPU 插槽	插槽类型	LGA 1150
	针脚数目	1150pin
CPU 内核	核心代号	Haswell
	核心数量	四核心
	线程数	八线程
	制作工艺	22 纳米
	热设计功耗（TDP）	84 W

CPU 缓存	一级缓存	2×64 KB
	二级缓存	4×256 KB
	三级缓存	8 MB
技术参数	指令集	SSE 4.1/4.2，AVX 2.0
	内存控制器	双通道 DDR 3 1333/1600
	支持最大内存	32 GB
	超线程技术	支持
	虚拟化技术	Intel VT
	64 位处理器	是
显卡参数	集成显卡	是
	显卡基本频率	350 MHz
	显卡最大动态频率	1.25 GHz
	其他参数	处理器显卡：Intel HD Graphics 4600

4. CPU 散热器

CPU 工作所产生的热量由 CPU 源源不断地散发出来，由于散热片接触到 CPU 表面，热量由 CPU 传到散热片上，再由散热风扇转动所产生的气流将热量带走，这就形成了一个散热循环。同时为保证良好的散热效果，还要用扣具使它们紧密结合。

CPU 散热器根据其工作原理的不同可以分为：风冷式、水冷式、半导体制冷和液态氮制冷 4 种。其中水冷式比较危险，一旦设备漏水，后果不堪设想。半导体制冷式功率大，如果使用不当，会适得其反，而且冷、热温差形成的凝露，会造成设备短路。液态氮制冷适合"发烧友"使用，成本最高，效果最好，国外的"发烧友"通常用它来配合自己的系统，创造一个又一个处理器主频极限，但是国内市场买不到成品。虽然制冷、散热技术在不断改进，但具备制造成本低、安装简单和安全性高等特色的风冷散热设备依然是现今和以后的主流。

5. CPU 维护

CPU 作为计算机的心脏，肩负着繁重的数据处理工作。从启动计算机一直到关闭，CPU 都会一刻不停地运作，如果一旦不小心将 CPU 烧毁或损坏，整台计算机便会瘫痪，因此对它的保养显得尤为重要。目前，为防止 CPU 烧毁，主流的处理器都具备过热保护功能，当 CPU 温度过高时会自动关闭计算机或降频。虽然这一功能大大地减少了 CPU 故障的发生率，但如果长时间让 CPU 工作在高温的环境下，也将大大缩短处理器的使用寿命。如何正确对待 CPU 呢？以下介绍几点经验与故障处理实例。

（1）要重点解决散热问题。

要保证计算机稳定运行，首先要解决散热问题。高温不仅是 CPU 的重要杀手，对于所有电子产品而言，工作时产生的高温如果无法快速散掉，都将直接影响其使用寿命。我们知道，CPU 在工作时间产生的热量是相当可怕的，特别是一些高主频的处理器，工作时产生的热量更是高得惊人。因此，要使 CPU 更好地为我们服务，良好的散热条件必不可少。CPU 的正常工作温度为 35～65 ℃，因此我们要为处理器选择一款好的散热器。这不仅仅要求散热风扇质量要足够好，而且要选择散热片材质好的产品。

（2）慎重超频，CPU 超频使用了几天后，某次开机时，显示器黑屏，重启后无效。

因为 CPU 是超频使用，有可能是超频不稳定所引起的故障。开机后，用手摸了一下 CPU 发现温度很高，则故障可能在此。找到 CPU 的外频与倍频跳线，逐步降频后，启动计算机，系统恢复正常，显示器也有了显示。将 CPU 的外频与倍频调到合适的情况后，运行一段时间看系统是否稳定，如果系统运行基本正常但偶尔会出点小毛病（如非法操作，程序要单击几次才打开），此时若不想降频，为了系统的稳定，可适当调高 CPU 的核心电压。

（3）散热器的选择一定要轻重合适。

为了解决 CPU 散热问题，选择一款好的散热器是必须的。不过在选择散热器的时候，也要根据自己计算机的实际情况，购买一款合适的产品。不要一味地追求散热，而购买那些既大又重的"豪华"产品。这些产品虽然好用，但由于自身具有相当的重量，因此时间长了不但会与 CPU 无法紧密接触，还容易将 CPU 脆弱的外壳压碎。

（4）一台计算机在使用初期表现异常稳定，但后来似乎感染了病毒，性能大幅度下降，偶尔伴随死机现象发生。

故障原因可能为感染病毒或磁盘碎片增多或 CPU 温度过高。计算机性能大幅下降的原因可能为处理器的核心配备了热感式监控系统。此系统会持续测量温度，只要 CPU 温度到达一定水平，该系统就会降低 CPU 的工作频率，直到 CPU 温度恢复到安全界线以下为止。另外，CPU 温度过高也会造成死机。首先使用杀毒软件查杀病毒，接着用 Windows 的磁盘碎片整理程序进行整理，最后打开机箱发现 CPU 散热器的风扇出现了问题，通电后根本不工作。更换新散热器，故障即可解决。

3.3 显卡与显示器

显卡和显示器构成了计算机的显示设备。显卡也叫显示卡、图形加速卡等。它是计算机中不可缺少的重要配件，它的主要作用是对图形函数进行加速和处理。显示器顾名思义就是将电子格式的文件通过特定的传输设备显示到屏幕上再反射到人眼的一种显示仪器。从广义上讲，电视机的荧光屏，手机、快译通等的显示屏都算是显示器的范畴，但一般的显示器是指与计算机主机相连的显示设备。

1. 分类认识显卡

1）按是否整合芯片分类——集成显卡和独立显卡

带有显卡功能的主板称为集成主板（All in one）。集成显卡一般整合在主板的北桥芯片中，也有采用第三方单独芯片的。由于主板芯片组厂商一般也生产显示芯片，所以他们生产的主板上往往集成自己的显示芯片，例如，Intel 在其 G45 主板芯片组上集成了 Intel GMA（图形媒体加速器）X4500HD 显示芯片，AMD 则在它的 AMD 790GX 主板芯片组上集成了 ATI Radeon HD 3300 显示芯片。现在 CPU 也集成了显卡的功能，例如 Intel 酷睿 i7 4770K，这种集成显卡的运算速度一点也不逊色于独显，甚至运算速度还更快。

2）按显示芯片分类——品牌和档次不同的显卡

就像主板芯片组代表主板的档次和性能一样，显示芯片决定显卡的档次和性能。显示芯片和主板芯片组一样，主要由世界上最先进的几家厂商研发，并被应用于不同品牌的显卡中。目前，主流显示芯片生产商主要有 NVIDIA、ATI（AMD）、SIS、3DLabs 等。其中以 NVIDIA 和 ATI（见图 1-41）实力最强，后者被 AMD 收购后成为旗下的子品牌。

图 1-41　NVIDIA 和 ATI 显卡的标志

3）按显卡的总线接口类型分类——PCI Express 显卡和 AGP 显卡

总线接口类型是指显卡与主板连接所采用的总线接口种类。不同的接口能为显卡带来不同的性能，也决定着主板是否能够使用此显卡。显卡接口包括早期的 PCI 接口、AGP 接口和当前主流的 PCI Express 接口（见图 1-42），前两种显卡已经逐渐淡出市场。

图 1-42　AGP 与 PCI Express 接口

4）按显卡的应用领域分类——普通显卡和专业显卡

普通显卡注重民用级应用，强调在用户能接受的价位下提供更强大的娱乐、办公、游戏、多媒体等性能。专业显示卡主要针对的是三维动画软件（如 3DS Max，Maya，softimage 3D 等）、渲染软件（如 Lightscape，3DS VIZ 等）、CAD 软件（如 AutoCAD、Pro/Engineer、Unigraphics、Solidworks 等）、模型设计（如 Rhino）以及部分科学应用等专业应用市场，如图 1-43 所示。

图 1-43　NVIDIA 高端专业显卡

5）按显卡的加速功能分类——2D 显卡和 3D 显卡

2D 图形加速卡拥有自己的图形函数加速器和显存，专门用来执行图形加速任务，因此可以大大减少 CPU 必须处理的图形函数。由于它们只能处理二维图形，因此又叫 2D 显卡或 2D 图形加速卡。

3D 显卡具备 3D 处理能力，它大大解放了 CPU，为提高图形质量提供了条件。新一代 3D 加速芯片大量采用新技术，强大的浮点运算能力承担起了以前由 CPU 完成的几何转换和光源计算，因此 3D 显示芯片被称为 GPU（Graphics Processing Unit）。现在主流的显卡都是 3D 显卡，如图 1-44 所示。

图 1-44　GeForce® GTX -3D 显卡

2. 显卡的构成

每一块显卡基本上都是由显卡金手指（接口）、显示芯片、显存、显卡 BIOS，以及卡上的电容、电阻、散热风扇或散热片等组成，如图 1-45 所示。多功能显卡还配备了视频输出以及输入功能。

图 1-45　显卡的基本组成

1）显示芯片

显示芯片又叫 GPU（Graphics Processing Unit，图形处理单元，或图形处理器），是显卡的核心芯片，其主要任务是把通过总线传输过来的数据在 GPU 中进行构建、渲染，最后通过显卡的输出接口送达显示器。显示芯片（见图 1-46）通常是显卡上最大的芯片，相当于一枚一元硬币大小。中高档芯片一般都有散热片或散热风扇。显示芯片上标有商标、生产日期、编号和厂商名称等。

图 1-46　GPU

2）显存

显示内存（Video RAM，或显卡缓冲存储器），简称显存，用于存放数据，只不过它存放的是显示芯片处理后的数据，在屏幕上看到的图像数据都存放在显示内存中。高速显存发热量大，其上附有散热片或导热硅脂，它被覆盖在散热器下。

3）显卡 BIOS 芯片

显卡 BIOS 芯片又称 VGA BIOS，用于存放显示芯片与驱动程序之间的控制程序，还存放有显卡型号、规格、生产厂商、出厂时间等信息。启动 PC 时，在屏幕上首先显示 VGA BIOS 的内容。前些年生产的显卡 BIOS 芯片的大小与主板 BIOS 相当。现在显卡的 BIOS，大小与内存条上的 SPD 芯片相近。

4）总线接口

当前最主要的显卡总线接口是 PCI Express ×16，早期还有 PCI、AGP 接口。2003 年以后，由于显示带宽要求的不断提升，PCI Express 显卡逐渐成为市场主流。

5）输出接口

显卡通过输出接口与显示设备连接，最常见的是 VGA 和 DVI 接口，如图 1-47 所示。

图 1-47　显卡输出接口

3. 显卡的工作原理

显卡的工作原理是：首先是由 CPU 向图形处理器发布指令。当图形处理器处理完成后，将数据传输至显示缓存。其次显示缓存进行数据读取后将数据传送至 RAMDAC（Random Access Memory Digital-to-Analog Converter，由于现在一般图形芯片都内置了 RAMDAC，所以在显卡的板上就无法看到 RAMDAC）。最后 RAMDAC 将数字信号转换为模拟信号输出显示，如图 1-48 所示。

特别提示，RAMDAC（随机存储器数字/模拟转换器）可将显存中的数字信号转换为 CRT 显示器能够接收的模拟信号。RAMDAC 就是显卡中将数字信号转换为模拟信号的装置。RAMDAC 的转换频率用 MHz 表示，它决定在足够的显存下，显卡最高支持的分辨率和刷新频率。

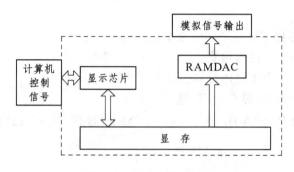

图 1-48　显卡工作原理图

4. 显卡的相关参数

1）核心频率

显卡的核心频率指 GPU 的工作频率，该频率在一定程度上反映出显示核心的性能，但显卡的性能是由核心频率、显存、像素管线、像素填充率等多方面因素综合决定的，因此在显示核心不同的情况下，核心频率高并不代表显卡性能更强。在同样级别的显示芯片中，核心频率高的性能要强一些。

2）显示芯片位宽

显示芯片位宽指显示芯片内部数据总线的宽度，也就是显示芯片内部所采用的数据传输位数。采用更大的位宽意味着在工作频率不变的情况下，数据传输带宽更大，因此位宽是决定显示芯片级别的非常重要的参数之一。目前主流显示芯片的位宽为 256 bit，有的高达 512 bit。

3）GPU 芯片的制造工艺

GPU 芯片的制造工艺精度是用 nm（纳米）来衡量，当前主流的制造工艺为 28 nm，与 CPU 的制造工艺相当。集成度的提高有助于提高性能，降低功耗。

4）显存类型

显卡使用的显存早期为 EDORAM、MDRAM、SDRAM、SGRAM、VRAM、WRAM 等，后来显卡大多采用 SDRAM、DDR SDRAM、DDR2 SDRAM 和 DDR3 SDRAM 等，现在显存都用 GDDR5 SGRAM。

SDRAM 显存在一个时钟周期内只传输一次数据，在时钟的上升沿进行数据传输。

DDR SDRAM 显存在一个时钟周期内传输两次数据，它能够在时钟的上升沿和下降沿各传输一次数据，因此称为双倍速率同步动态随机存储器。

GDDR5 SGRAM 是一种高性能的 DRAM（动态随机存储器），专为高带宽的图形卡而设计，具有新电源管理技术，功耗更低。制程的提高使芯片的体积缩小，发热量也可以低许多。

现在制造工艺达到 28 nm。

5）显存位宽

显存位宽是显存在一个时钟周期内所能传送数据的位数。目前市场上的显存位宽以 128、256 为主，也有高达 512 bit 和 1 024 bit 的。显存位宽越高，性能越好，价格也越高。

显卡的显存是由一块块显存芯片组成的，显存总位宽是由显存颗粒的位宽叠加获得的：

$$显存位宽 = 显存颗粒位宽 \times 显存颗粒数$$

6）显存带宽

显存带宽指显示芯片与显存之间的数据传输速率。它是决定显卡性能和速度最重要的因素之一。要得到高分辨率、色彩逼真（32 位真彩）、流畅（高刷新速度）的 3D 画面，就必须要求显存带宽足够大。显存带宽的计算公式为

$$显存带宽 = 显存频率 \times 显存位宽 / 8$$

例如，显存频率同为 500 MHz 的 128 bit 和 256 bit 显存，它们的显存带宽分别为 500×128 / 8=8 GB/s 和 500×256 / 8=16 GB/s。

7）显存容量

显存容量决定着显存临时存储显示数据的多少，也是选择显卡的关键参数之一。显存容量一般在 256 MB ~ 12 GB 之间，当前主流显卡容量有 2 GB 和 4 GB。但是，大容量显存必须配合高性能 GPU，在处理大型任务时才能完全发挥作用，否则大容量显存无疑是浪费的。

5. 显卡的 3D 编程接口 DirectX 和 OpenGL

1）DirectX 图形接口程序

Direct 是直接的意思，X 代表很多东西，微软定义它为"硬件设备无关性"。DirectX 是一系列的 DLL（动态链接库），通过这些 DLL，开发者可以在不关心硬件设备差异的情况下访问底层硬件。DirectX 封装了一些 COM 对象，它们为访问系统硬件提供了主要的接口。DirectX 提供给（应用程序和游戏）软件程序员在 Windows 下直接操作硬件的标准方式，而不是通过 Windows 的 GDI（图形设备接口），但其前提是所使用的计算机在软件和硬件上都支持 DirectX 标准。

2）OpenGL

OpenGL（Open Graphics Library，开放图形程序库）最早是美国 SGI 公司开发的三维图形库，实际上是一种 3D 可编程接口，是 3D 加速卡硬件和 3D 图形应用程序之间一座非常重要的沟通桥梁。可以说，OpenGL 是一个功能强大、调用方便的底层 3D 图形库。因其与硬件、窗口系统、操作系统相互独立，可在各种操作系统和窗口平台上开发应用程序，包括 Windows、UNIX、Linux、Mac OS、OS/2 及嵌入式系统等。OpenGL 常用于 CAD、虚拟现实、科学视觉化程序和游戏开发。

6. 多显卡技术

多显卡技术简单地说就是让两块或者多块显卡协同工作，是指芯片组支持能提高系统图形处理能力或者满足某些特殊需求的多显卡并行技术。要实现多显卡技术一般来说需要主板芯片组、显示芯片以及驱动程序三者的支持。

多显卡技术的出现，是为了有效解决日益增长的图形处理需求和现有显示芯片图形处理

能力不足的矛盾。多显卡技术由来已久，在 PC 领域，早在 3DFX 时代，以 Voodoo2 为代表的 SLI 技术就已经让人们第一次感受到了 3D 游戏的魅力；而在高端的专业领域，也早就有厂商开发出了几十甚至上百个显示核心共同工作的系统，用于军用模拟等领域。

目前，多显卡技术主要是两大显示芯片厂商 nVIDIA 的 SLI 技术和 ATI 的 CrossFire 技术（见图 1-49），另外还有主板芯片组厂商 VIA 的 DualGFX Express 技术和 ULI 的 TGI 技术。

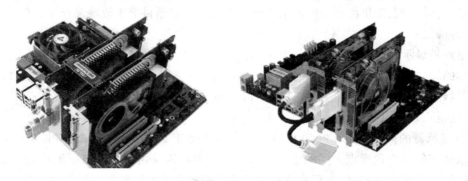

图 1-49　NVIDIA SLI 双显卡连接与 ATI Crossfire 双显卡连接方式

7. 显示器

主要分为阴极射线管（CRT）显示器和液晶显示器（LCD）

从液晶显示器的结构来看，无论是笔记本电脑还是桌面系统，采用的 LCD 显示屏都是由不同部分组成的分层结构。LCD 由两块玻璃板构成，厚约 1 mm，其间由包含有液晶材料的 5 μm 均匀间隔隔开。因为液晶材料本身并不发光，所以在显示屏两边都设有作为光源的灯管。在液晶显示屏背面有背光板（或称匀光板）和反光膜，背光板是由荧光物质组成的，可以发射光线，其作用主要是提供均匀的背景光源。

背光板发出的光线在穿过第一层偏振过滤层之后进入包含成千上万液晶液滴的液晶层。液晶层中的液滴都被包含在细小的单元格结构中，一个或多个单元格构成屏幕上的一个像素。在玻璃板与液晶材料之间是透明的电极，电极分为行和列，在行与列的交叉点上，通过改变电压而改变液晶的旋光状态，液晶材料的作用类似于一个个小的光阀。在液晶材料周边是控制电路部分和驱动电路部分。当 LCD 中的电极产生电场时，液晶分子就会产生扭曲，从而将穿越其中的光线进行有规则地折射，然后经过第二层过滤层的过滤，在屏幕上显示图像出来。

8. 液晶显示器的技术指标

1）液晶板类型

（1）TN 型。采用的是液晶显示器中最基本的显示技术，而之后其他种类的液晶显示器也是以 TN 型为基础来进行改良的。而且，它的运作原理也较其他技术简单。

（2）STN 型。其显示原理与 TN 相类似。不同的是，TN 扭转式向列场效应的液晶分子是将入射光旋转 90°，而 STN 超扭转式向列场效应是将入射光旋转 180° ~ 270°。

（3）DSTN 型。这是通过双扫描方式来扫描扭曲向列型液晶显示屏，从而完成显示目的。DSTN 是由超扭曲向列型显示器（STN）发展而来的。由于 DSTN 采用双扫描技术，因此显示效果比 STN 有大幅度提高。

（4）TFT型。TFT型的液晶显示器较为复杂，主要由荧光管、导光板、偏光板、滤光板、玻璃基板、配向膜、液晶材料、薄模式晶体管等构成。首先，液晶显示器必须先利用背光源，也就是荧光灯管投射出光源，这些光源会先经过一个偏光板后再经过液晶，这时液晶分子的排列方式就会改变穿透液晶的光线角度。然后这些光线还必须经过前方的彩色滤光膜与另一块偏光板。最后，只要改变加在液晶上的电压值就可以控制最后出现的光线强度与色彩，这样就能在液晶面板上变化出有不同色调的颜色组合了。它是目前主流液晶显示器的面板类型。

2）屏幕尺寸

即指液晶显示器屏幕对角线的长度，单位常为英寸（1 in = 2.54 cm）。对于液晶显示器，由于标称的尺寸就是实际屏幕显示的尺寸，所以15 in液晶显示器的可视面积接近17英寸的纯平显示器。现在的主流产品主要以15 in和17 in为主。

3）点距

LCD显示器的像素间距（Pixel Pitch）的意义类似于CRT的点距（Dot Pitch）。点距一般是指显示屏相邻两个像素点之间的距离。我们看到的画面是由许多的点所形成的，而画质的细腻度就是由点距来决定的。点距的计算方式是以面板尺寸除以解析度所得的数值。不过LCD的点距对于产品性能的重要性却远没有对后者那么高。CRT的点距会因为荫罩或光栅的设计、视频卡的种类、垂直或水平扫描频率的不同而有所改变，而LCD显示器的像素数量则是固定的，因此在尺寸与分辨率都相同的情况下，大多数液晶显示器的像素间距基本相同。分辨率为1 024×768的15 in LCD显示器，其像素间距均为0.297 mm（也有某些产品标示为0.30 mm），而17 in的基本都为0.264 mm，所以对于同尺寸的LCD，其价格一般与点距没有关系。

4）坏点

液晶显示器的像素不能发光或只能发一种颜色的光时，称该像素为坏点。

5）可视角度

它指用户可清晰看见屏幕影像时与屏幕所构成的最大角度。CRT显示器的可视角度基本可以达到极限的180°。液晶显示器可视角度一般在140°左右。

6）亮度与对比度

液晶显示器是通过安装在显示器背部的灯管来辅助发光的。其光源的亮度决定整台LCD的画面亮度及色彩的饱和度，亮度越高越好。

对比度是直接关系色彩是否丰富的技术参数，对比度高达300∶1时可以支持各阶度的颜色，对比度越高越好。

7）响应速度

响应速度是指LCD各像素点对输入信号的反应速度，即像素由亮转暗或是由暗转亮的快慢。

8）分辨率

无论是LCD液晶显示器还是传统的CRT显示器，分辨率都是重要的参数之一。传统CRT显示器所支持的分辨率较有弹性，而LCD的像素间距已经固定，所以支持的显示模式不像CRT那么多。LCD的最佳分辨率，称为最大分辨率，在该分辨率下，液晶显示器才能显现最佳影像。

目前15 in LCD的最佳分辨率为1 024×768，17～19 in的最佳分辨率通常为1 280×1 024，更大尺寸拥有更大的最佳分辨率。

9）刷新率

即显示器每秒刷新屏幕的次数，单位为Hz。场频越低，图像的闪烁、抖动越厉害。但LCD

显示器画面扫描频率的意义有别于 CRT，它指显示器单位时间内接收信号并对画面进行更新的次数。由于 LCD 显示器像素的亮灭状态只有在画面内容改变时才有变化，因此即使扫描频率很低，也能保证稳定的显示。一般有 60 Hz 就足够了，但在部分行业（如医疗监控），要求液晶的刷新率能够达到 70 Hz 甚至 85 Hz，主要是其工作要求能够以较快的频率读取数据以进行显示。

10）色彩数

色彩数就是屏幕上最多显示多少种颜色的总数。对屏幕上的每一个像素来说，256 种颜色要用 8 位二进制数表示，即 2 的 8 次方，因此我们也把 256 色图形称为 8 位图；如果每个像素的颜色用 16 位二进制数表示，我们就称为 16 位图，它可以表达 2 的 16 次方即 65 536 种颜色；还有 24 位彩色图，可以表达 16 777 216 种颜色，如表 1-6 所示。液晶显示器一般都支持 24 位真彩色。

表 1-6　LCD 显示器色彩总数与颜色位数之间的关系

色彩数	一个像素（即点）用几位二进制表示	可以表示的颜色数
4 位图	4 位	$2^4 = 16$
8 位图	8 位	$2^8 = 256$
16 位图	16 位	$2^{16} = 65\ 536$
24 位图（真彩色图）	24 位	$2^{24} = 16\ 777\ 216$

9. 购买显卡

1）购买注意事项

选购显卡除了考虑技术指标外，还要注意以下问题：

（1）根据需求选购显卡。

一般根据用户的实际需求来决定购买相应的显卡。高性能的显卡总是用户偏爱的对象，然而高性能的产品往往就意味着高价格，所以在价格与性能两者之间寻找一个适于自己的平衡点才是显卡选购的关键所在。选用一个强大的 CPU 作为后盾，再加上一块价格合理、性能中等的显卡，同样可以组装出性价比很高的配置。因此，在选购显卡前还是应明确自己选择显卡的用途，这样才能更好地进行选择。

① 只是文字编辑或者简单图片处理的一般用户。

多数家庭和商业用户的计算机用途都是做一些简单的文字处理、办公、上网、学习与编程等简单工作，对显卡性能的要求都比较低，这类用户在购买主板时就可以考虑购买带有集成显卡的主板。

大多整合显卡的显存通过共享内存来实现，速度上与真正意义的显存有差距，而且还会因为内存容量的降低而影响整体表现。板载显卡还占用了大量的内存带宽，会令 PhotoShop、PhotoImpact 等大型程序的表现打上折扣。

② 对于以家庭娱乐为主的用户。

此类用户主要看碟和打游戏，建议选用价格中等，有一定的 3D 性能的图形加速卡，如 ATI Radeon VE 或 nVIDIA GeForce2 MX/MX200/400 等。

③ 对于 3D 性能要求极高又不太在乎价格的用户。

对于游戏迷和总喜欢"品尝"新品的硬件发烧友来说，高档的显卡总是他们追求的目标，一般这类产品可选的余地不大，而且价格较高。这类用户可选择采用 ATI Radeon 8500/8500LE 或 nVIDIA GeForce3 Ti200/Ti500 之类的产品。

在选购显卡时应考虑显卡与显示器合理搭配。如，使用 LCD 的用户最好选择带有 DVI 等数字输出接口的显卡（当然前提是 LCD 支持数字接口），使 LCD 的显示效果达到最佳，充分发挥 LCD 数字信号的特点。

（2）选择 NVIDIA 还是 ATI。

就目前的主流显卡来说，NVIDIA 与 ATI 的产品各有所长，选择哪一个就要看你的实际用途。

如果一切配置都是为了游戏，推荐使用 NVIDIA 的产品。因为毕竟它的 3D 加速性能比 ATI 略胜一筹，对游戏的支持也要好些。现在已经有越来越多需要图形加速的 3D 游戏以 NVIDIA 的芯片规范作为游戏的基准显示平台了。

如果你除了游戏还要将计算机用于设计用途或多媒体（如视频回放）应用，建议你使用 ATI 的产品。它的 2D/3D 画质比 NVIDIA 的产品更细腻，色彩还原也更艳丽逼真，而在视频回放方面更是得心应手，效果一流，毕竟这是 ATI 的强项。在 3D 加速方面，ATI 系列产品正在逐渐拉近与 NVIDIA 的距离，最重要的是，在同样性能等级产品中，ATI 的价格更为合理。

（3）印刷电路板 PCB。

一般来说，质量越好的 PCB 板越有一种晶莹、温润的感觉，显卡使用的 PCB 为 2～8 层不等，性能和价格随着 PCB 厚度的增加而上升。一些低价显卡使用两层线 PCB 板，这种 PCB 在阳光下观察，可以发现透光。而 6 层以上 PCB 大多用在走线复杂、IC 芯片数量繁多的超高档专业显卡上。目前市面上绝大多数显卡用的是 4 层板和 6 层板，同样层数的板越厚越好。PCB 上各芯片和零件的布置也很重要。

显卡上一般会看到空的焊位。在小厂的产品上，它们看上去常常千篇一律，就是个个"圆润饱满"，像要流下来一样。大厂产品却非如此。刮焊锡膏的环节是显卡生产管控的重点之一，大厂会严格地检测刮锡的份量和厚度。像小的贴片元件的焊点，一般比较饱满，而显存图形芯片和其他集成电路焊位上的焊锡膏就会控制到很少，使空焊位上显得平平的。

（4）正确选择电容和集成块。

从介质材料上来说，显卡用的电容有铝电解电容和钽电解电容（S 型）或固体钽电容（SF 型）。从电容安装形式上来看又有 DIP（双列直插式）和 SMD（贴片式）两种。

目前采用 DIP 铝电解电容（黑色圆柱状）、SMD 铝电解电容（银白色圆柱状）和 SMD 钽电容（黄色和黑色长方形小颗粒）的显卡居多。从性能上来讲，DIP 铝电解电容存在漏电流系数大、加工显卡费时、加工精度低等缺点，优点是成本较低。钽电容温度系数小、电量精确、可以工作在很高的温度上，这些都是它的突出优点。但是钽电容也有不少缺点，如在大电流充放电时易爆，极性很强等。钽电容电容量不可能做得很大，如 GeForce2 显卡上用的几个主电容容量都很大，因此就只能使用 SMD 铝电解电容。

多数显卡上的集成块只有一颗，主要是给显示芯片提供所需电压的变压集成块。好的变压集成块体积较大、较厚，印刷标志清晰；劣质变压集成块则小而薄，标志模糊。

还有些厂商会给显卡的显存部分也增加一颗变压集成块，通过变压集成块直接输出显存电压，避免由主板直接供电给显存，对显存性能产生的影响。

显卡的电阻、电感、晶振等元件也或多或少影响显卡的质量，所以也要注意它们的质量。

2）主流与发烧显卡的详细参数

下面是两块主流显卡参数，如表1-7，表1-8所示。

表1-7 华硕战骑士 HD7770-FMLII-1GD5 详细参数

	芯片厂商	AMD
显卡核心	显卡芯片	Radeon HD 7770
	显示芯片系列	AMD 7700 系列
	制作工艺	28 nm
	核心代号	Cape Verde XT
显卡频率	核心频率	950 MHz
	显存频率	4 500 MHz
	RAMDAC 频率	400 MHz
显存规格	显存类型	GDDR5
	显存容量	1 024 MB
	显存位宽	128 bit
	最大分辨率	2 560×1 600
显卡散热	散热方式	散热风扇
显卡接口	接口类型	PCI Express 3.0 16X
	I/O 接口	HDMI 接口/DVI 接口/VGA 接口
	电源接口	6 pin
物理特性	3D API	DirectX 11
	流处理单元	640 个
其他参数	显卡类型	主流级
	支持 HDCP	是
	其他特点	支持 CrossFire 技术，支持节能技术

表1-8 七彩虹 iGame770 烈焰战神 U-2GD5 详细参数

	芯片厂商	NVIDIA
显卡核心	显卡芯片	GeForce GTX 770
	显示芯片系列	NVIDIA GTX 700 系列
	制作工艺	28 nm
	核心代号	GK104
显卡频率	核心频率	1 046/1 110 MHz，1 085/1 163 MHz
	显存频率	7 010 MHz
	RAMDAC 频率	400 MHz

显存规格	显存类型	GDDR5
	显存容量	2 048 MB
	显存位宽	256 bit
	最大分辨率	2 560×1 600
显卡散热	散热方式	散热风扇+散热片+热管散热
显卡接口	接口类型	PCI Express 3.0 16X
	I/O接口	HDMI接口/双DVI接口/DisplayPort接口
	电源接口	8 pin+8 pin
物理特性	3D API	DirectX 11.1
其他参数	显卡类型	发烧级
	支持HDCP	是
	其他特点	支持NVIDIA SLI技术，支持PhysX物理加速技术，支持节能技术

3.4 硬盘

1. 硬盘外部结构

硬盘的外部结构并不复杂，主要由电源接口、数据接口、控制电路板等构成，如图1-50所示。对于IDE硬盘、SerialATA硬盘以及SCSI硬盘而言，其外部结构略有差别。

电源接口：用于连接主机的电源，为硬盘工作提供电力，如图1-51所示。一般而言，硬盘采用最为常见的4针D形电源接口。新的SerialATA硬盘使用易于插拔的SATA专用电源接口代替，这种接口有15个插针，其宽度与以前的电源接口相当。

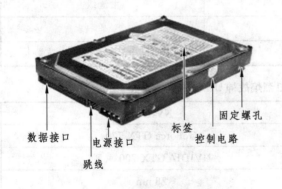

数据接口　电源接口　标签　控制电路　固定螺孔
跳线

图1-50　硬盘外部结构图

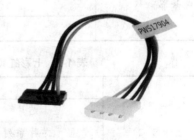

图1-51　SATA硬盘电源接线

数据接口：用于连接主板上的南桥芯片或者其他独立的磁盘控制器芯片。为了提高IDE数据线的电气性能，我们将原来使用的40 pin的IDE数据线数量增加到80 pin，其中40 pin用于信号的传输，另外40 pin则是地线，用来有效地屏蔽杂波信号，如图1-52所示。在所有的硬盘中，SerialATA 硬盘的数据线连接是最为简单的，因为它采用了点对点的连接方式，即每个SerialATA线缆（或通道）只能连接一块硬盘，不必像IDE硬盘那样设置主从跳线。SerialATA数据线占据的空间很小，同时 SATA 硬盘能提高外部接口传输率，从而取代桌面 IDE 硬盘。

跳线：主板 IDE 接口是双通道的，如果要在 1 个接口上接 2 个 IDE 设备，就必须设置它们的"主从"关系，否则就不能正常工作，如图 1-53 所示。

图 1-52　80 pin IDE 硬盘数据线和 SATA 硬盘数据线

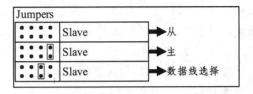

图 1-53　硬盘跳线说明示意

标签：一般在每个硬盘上面都有一个产品标签，上面有厂家标志、型号等，如图 1-54 所示。

图 1-54　硬盘产品标签

图 1-55　硬盘控制电路板

控制电路板：控制电路板一般裸露在硬盘下表面（以利于散热），如图 1-55 所示。硬盘的控制电路板由主轴调速电路、磁头驱动与伺服定位电路、读写控制电路、控制与接口电路等构成。当然，高速缓存也是控制电路板上不可或缺的，一般具备 2 ~ 8 MB SDRAM。

固定螺孔：在硬盘盘腔的两侧各有 3 个螺孔，用于在安装的时候固定硬盘。

2. 内部结构

其核心部分包括盘体、主轴电机、读写磁头组件和寻道电机等主要部件，如图 1-56 所示。

图 1-56　硬盘的内部结构

盘体：盘体从物理的角度分为磁面（Side）、磁道（Track）、柱面（Cylinder）与扇区（Sector）等 4 个结构。磁面也就是组成盘体各盘片的上下两个盘面，第一个盘片的第一面为 0 磁面，下一个为 1 磁面；第二个盘片的第一面为 2 磁面，依此类推。磁道也就是在格式化磁盘时盘片上被划分出来的许多同心圆。最外层的磁道为 0 道，并向着磁面中心增长。其中，在最靠近中心的部分不记录数据，称为着陆区（Landing Zone），是硬盘每次启动或关闭时，磁头起飞和停止的位置。所有盘片上半径相同的磁道构成一个圆筒，称其为柱面。柱面可用以计算逻辑盘的容量。扇区是磁盘存取数据的最基本单位，也就是将每个磁道等分后相邻两个半径之间的区域，这样不难理解每个磁道包含的扇区数目相等。扇区的起始处包含了扇区的唯一地址标志 ID，扇区与扇区之间以空隙隔开，便于操作系统识别。事实上，硬盘的盘体结构与大家熟悉的软盘非常类似。只不过其盘片是由多个重叠在一起并由垫圈隔开的盘片组成，而且盘片采用金属圆片（IBM 曾经采用玻璃作为材料），表面极为平整光滑，并涂有磁性物质。

读写磁头组件：读写磁头组件由读写磁头、传动手臂、传动轴三部分组成。在具体工作时，磁头通过传动手臂和传动轴以固定半径扫描盘片，以此来读写数据。磁头是集成工艺制成的多个磁头的组合，采用非接触式结构。硬盘加电后，读写磁头在高速旋转的磁盘表面飞行，飞高间隙只有 0.1 ~ 0.3 μm，可以获得极高的数据传输率。

磁头驱动机构：对于硬盘而言，磁头驱动机构就好比是一个指挥官，它控制磁头的读写，直接为传动手臂与传动轴传送指令。

主轴组件：硬盘的主轴组件主要是轴承和电动机。从滚珠轴承到油浸轴承再到液态轴承，硬盘轴承处于不断的改良当中，目前液态轴承已成为绝对的主流市场，得到 Seagate、Matrox、WD、IBM、SUNSUNG 等众多厂商的支持。由于采用液体作为轴承，因此金属之间不直接摩擦，这样一来除了延长主轴寿命、减少发热之外，最重要的一点是实现了硬盘噪声控制的突破。

电动机，其直观理解就是关系到磁盘转动速度，速度越快，磁头扫过的盘体面积越大，因而读写速度也就相应提高。目前主流 IDE 硬盘以及 Serial-ATA 硬盘的转速为 7 200 r/min，而少数低端 IDE 硬盘以及笔记本硬盘只有 5 400 r/min 和 4 200 r/min。相对而言，SCSI 硬盘的转速要高得多，10 000 r/min 似乎已经是入门级产品，主流产品维持在 15 000 r/min。

3. 硬盘工作原理

硬盘驱动器的原理并不复杂，和我们以前日常使用的盒式录音机的原理十分相似。磁头负责读取以及写入数据。硬盘盘片布满了磁性物质，这些磁性物质可以被磁头改变磁极，利用不同磁性的正反两极来代表计算机里的 0 与 1，起到数据存储的作用。写入数据实际上是通过磁头对硬盘片表面的可磁化单元进行磁化，就像录音机的录音过程；不同的是，录音机是将模拟信号顺序地录制在涂有磁介质的磁带上，而硬盘是将二进制的数字信号以环状同心圆轨迹的形式，一圈一圈地记录在涂有磁介质的高速旋转的盘面上。读取数据时，把磁头移动到相应的位置读取此处的磁化编码状态，将磁粒子的不同极性转换成不同的电脉冲信号，再利用数据转换器将这些原始信号变成计算机可以使用的数据。

硬盘驱动器加电正常工作后，利用控制电路中的单片机初始化模块进行初始化工作，此时磁头置于盘片中心位置；初始化完成后主轴电机将启动并高速旋转，装载磁头的小车机构移动，将浮动磁头置于盘片表面的 00 道，处于等待指令的启动状态。接口电路接收到计算机系统传来的指令信号，通过前置放大控制电路，驱动音圈电机发出磁信号；感应阻值变化的磁头对盘片数据信息进行正确定位，并将接收后的数据信息解码，通过放大控制电路传输到接口电路，反馈给主机系统完成指令操作。结束硬盘操作或断电状态时，在反力矩弹簧的作用下浮动磁头驻留到盘面中心。

4. 硬盘技术指标

1）接口类型

硬盘接口是硬盘与主机系统间的连接部件，作用是在硬盘缓存和主机内存之间传输数据。不同的硬盘接口决定着硬盘与计算机之间的连接速度，在整个系统中，硬盘接口的优劣直接影响着程序运行的快慢和系统性能的好坏。从整体上讲，硬盘接口分为 IDE、SATA、SCSI 和光纤通道 4 种。IDE 多用于家用产品中，也部分应用于服务器；SCSI 则主要应用于服务器市场；光纤通道只在高端服务器上，价格昂贵。

IDE：IDE 的英文全称为 "Integrated Drive Electronics"（电子集成驱动器），它的本意是指把"硬盘控制器"与"盘体"集成在一起的硬盘驱动器。

SCSI：SCSI 最早是 1979 年由美国的 Shugart 公司（希捷公司前身）制订的，全称为 "Small Computer System Interface"（小型计算机系统接口）。SCSI 并不是专门为硬盘设计的接口，是一种广泛应用于小型机上的高速数据传输技术。

SATA：使用 SATA（Serial ATA）口的硬盘又叫串口硬盘，是未来 PC 硬盘的趋势。如图 1-57 和图 1-58 所示。

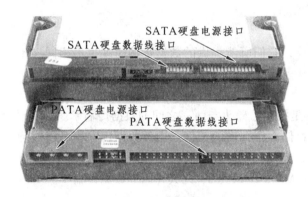

图 1-57 支持 Serial-ATA 技术的标志

图 1-58 主板上的 Serial-ATA 接口

串口硬盘是一种完全不同于并行 ATA 的新型硬盘接口类型，因其采用串行方式传输数据而知名。相对于并行 ATA 来说，它具有更多的优势。Serial ATA 1.0 定义的数据传输率可达 150 MB/s，这比目前最新的并行 ATA（即 ATA/133）所能达到 133 MB/s 的最高数据传输率还要高；而 Serial ATA 2.0 的数据传输率达 300 MB/s，最终 SATA 将实现 600 MB/s 的最高数据传输率。

2）容量

硬盘的容量是以 MB（兆）和 GB（千兆）为单位的。早期的硬盘容量低，大多以 MB（兆）为单位（1956 年 IBM 公司制造的世界上第一台磁盘存储系统只有区区的 5 MB），而现今硬盘技术飞速发展，数百 GB 容量的硬盘也已进入到家庭用户的手中。目前常见容量有 100 GB、120 GB、160 GB、200 GB、250 GB、500 GB、1 TB、1.5 TB、2 TB 等，而且硬盘技术还在继续发展，更大容量的硬盘还将不断推出。

3）单碟容量

单碟容量的提升是随着硬盘技术的发展而逐渐提高的。在 2000 年时出现了单碟容量 40 GB 的硬盘产品；到了 2008 年，IBM、西部数据、希捷、三星都相继推出了单碟容量 500 GB 的硬盘产品。更高的单碟容量意味着更高的数据存储密度、更大的总容量、更高的性能和更低的成本，但人们对于硬盘存储空间的需求是不会满足的，单碟容量的发展也不会就此止步，更高容量的硬盘产品将不断出现在我们的视野中。

4）盘片材料

盘片是硬盘中承载数据存储的介质，它由多个盘片叠加在一起，互相之间由垫圈隔开。硬盘盘片以坚固耐用的材料为盘基，其上再附着磁性物质，表面被加工得相当平滑。因为盘片在硬盘内要高速旋转（甚至会达 15 000 r/min），对盘片材料的硬度和耐磨性要求很高，所以一般采用合金材料（多数为铝合金）。

5）磁头及磁头数

硬盘磁头是硬盘读取数据的关键部件。它的主要作用就是将存储在硬盘盘片上的磁信息转化为电信号向外传输，其工作原理则是利用特殊材料的电阻值会随着磁场变化的原理来读写盘片上的数据。磁头的好坏在很大程度上决定着硬盘盘片的存储密度，目前比较常用的是 GMR（Giant Magneto Resistive，巨磁阻磁头），它使用了磁阻效应更好的材料和多层薄膜结构，使之比传统磁头和 MR（Magneto Resistive，磁阻磁头）更为敏感，相对磁场变化能引起更大的电阻值变化，从而实现更高的存储密度。

6）传输规范

不同的硬盘接口采用不同的数据传输规范，它们所能提供的数据传输速度也不相同。传输规范是硬盘最为重要的参数之一。

7）内部数据传输率

内部数据传输率（Internal Transfer Rate）是指硬盘磁头与缓存之间的数据传输率。简单地说就是硬盘将数据从盘片上读取出来，然后存储在缓存内的速度。内部数据传输率可以明确表现出硬盘的读写速度，它的高低才是评价一个硬盘整体性能的决定性因素，它是衡量硬盘性能的真正标准。数据传输率的单位一般采用 MB/s 或 Mbit/s，尤其在内部数据传输率上更多地采用 Mbit/s 为单位。

8）外部数据传输率

外部数据传输率（External Transfer Rate），一般也称为突发数据传输率或接口传输率，是指硬盘缓存和计算机系统之间的数据传输率，也就是计算机通过硬盘接口从缓存中将数据读出，然后交给相应的控制器的速率。平常硬盘所采用的 ATA66、ATA100、ATA133 等接口，就是以硬盘的理论最大外部数据传输率来表示的。ATA100 中的 100 就代表着这块硬盘的外部数据传输率理论最大值是 100 MB/s；ATA133 则代表外部数据传输率理论最大值是 133 MB/s；而 SATA 接口的硬盘外部理论数据最大传输率可达 150 MB/s。这些都只是硬盘理论上最大的外部数据传输率，但实际中无法达到。

9）缓存

缓存（Cache Memory）是硬盘控制器上的一块内存芯片，具有极快的存取速度，它是硬盘内部存储和外界接口之间的缓冲器。由于硬盘的内部数据传输速度和外部介质传输速度不同，缓存在其中起到一个缓冲的作用。缓存的大小与速度是直接关系到硬盘传输速度的重要因素，能够大幅度地提高硬盘整体性能。缓存容量的大小对于不同品牌、不同型号的产品各不相同，早期的硬盘缓存基本都很小，只有几百 KB；2 MB 和 8 MB 缓存为现今主流硬盘所采用，而在服务器或特殊应用领域中还有缓存容量更大的产品，有的甚至达到了 16 MB、64 MB 等。

10）转速

转速（Rotational Speed），是硬盘内电机主轴的旋转速度，也就是硬盘盘片在 1 min 内所能完成的最大转数。转速的快慢是标志硬盘档次高低的重要参数之一，它是决定硬盘内部传输率的关键因素之一，在很大程度上影响着硬盘的读写速度。硬盘的转速越快，硬盘寻找文件的速度也就越快，相应硬盘的传输速度也就得到了提高。目前，7 200 r/min 的硬盘具有性价比高的优势，是国内市场上的主流产品，同时也有硬盘的主轴转速已经达到 10 000 r/min 甚至 15 000 r/min。

11）平均寻道时间

平均寻道时间的英文拼写是 Average Seek Time，它是了解硬盘性能至关重要的参数之一，指硬盘在接收到系统指令后，磁头从开始移动到移动至数据所在的磁道所花费时间的平均值。它在一定程度上体现了硬盘读取数据的能力，是影响硬盘内部数据传输率的重要参数，单位为毫秒（ms）。不同品牌、不同型号的产品，其平均寻道时间也不一样，但这个数值越低，产品越好。现今主流的硬盘产品平均寻道时间都在 9 ms 左右。

3.5　任务实施

通过上面对计算机主要硬件的学习，请完成下面的计算机配置单。并在后面附上自己计算机主要硬件的参数表（见表 1-9）。

表 1-9　计算机配置单

编号	硬件设备名称	型号或规格	容量（可选）	单价	备注

第 2 章　操作系统的安装

【教学内容及目标】
（1）了解操作系统的发展历史。
（2）掌握 U 盘启动盘的制作。
（3）掌握 BIOS 设置。
（4）掌握硬盘格式化。
（5）掌握 Win7 操作系统的安装与系统的备份和恢复。
（6）掌握注册表的使用。

任务 4　U 盘启动盘的制作

U 盘启动可以是启动 DOS，也可以是一个备份还原软件，还可以是一个能在内存中运行的 PE 系统或者 prayaya Q3 系统。现在大部分的计算机都支持 U 盘启动。在系统崩溃和快速安装系统时能起到很大的作用。

4.1　启动模式

1. USB-HDD

硬盘仿真模式，DOS 启动后显示 C 盘符，此模式兼容性很高，但对于一些只支持 USB-ZIP 模式的计算机则无法启动（推荐使用此种格式，这种格式普及率最高）。

2. USB-ZIP

大容量软盘仿真模式，DOS 启动后显示 A 盘符，FlashBoot 制作的 USB-ZIP 启动 U 盘即采用此模式。此模式在一些比较老的计算机上是唯一可选的模式，但对大部分新计算机来说兼容性不好，特别是大容量 U 盘。

3. USB-ZIP+

增强的 USB-ZIP 模式，支持 USB-HDD/USB-ZIP 双模式启动（根据计算机的不同，有些 BIOS 在 DOS 启动后可能显示 C 盘符，有些 BIOS 在 DOS 启动后可能显示 A 盘符），从而达到很高的兼容性。其缺点在于有些支持 USB-HDD 的计算机会将此模式的 U 盘认为是 USB-ZIP 来启动，从而导致 4 GB 以上大容量 U 盘的兼容性有所降低。

4. USB-CDROM

光盘仿真模式，DOS 启动后可以不占盘符，兼容性一般。其优点在于可以像光盘一样进行 XP/2003 安装。制作时一般需要具体 U 盘型号/批号所对应的量产工具来制作，对于 U3 盘网上有通用的量产工具。

4.2　启动盘的制作

U 盘装系统的方法很多种，有用 UltraISO 软件写入硬盘镜像装系统的，有用 winPE 来装系统的，甚至有把 U 盘量产成 USB-CDROM 来装系统的。本教材使用大白菜超级 U 盘启动盘制作工具软件，在写入硬盘镜像窗口中需要选择 U 盘的模式为 USB-HDD 或 USB-ZIP，现在大部分计算机都是 HDD 模式的，旧款计算机一般为 ZIP 模式。其中 HDD 模式是把 U 盘模拟成硬盘模式，当 U 盘启动后盘符默认为 C:，所以在进行分区操作时就容易产生问题，例如不小心格式化分区了 U 盘。

1. 下载并安装软件

首先，打开"大白菜"官方网址（http：//www.winbaicai.com/），下载最新版本的"大白菜"超级 U 盘启动盘制作工具的装机版，该软件的安装过程很简单，一直单击"下一步"就可以安装成功，安装完成后启动该软件，如图 2-1 所示。

图 2-1　启动"大白菜"软件

2. 制作启动盘

打开"大白菜"软件后，把准备好的 U 盘插入计算机，这个时候"大白菜"软件会自动识别 U 盘的型号和大小，一切默认，单击"一键制作 USB 启动盘"按钮即可弹出如图 2-2 所示对话框。

图 2-2　安装开始信息提示对话框

从该信息提示对话框可以看出，制作 U 盘启动时应该备份好 U 盘原有的资料。如果已经做好准备就可以单击"确定"按钮进入下一步。用户只需等待 2 分钟左右（等待时间需根据用户计算机运行速度而定）就会弹出图 2-3 所示对话框。

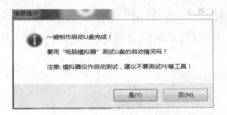

图 2-3　一键制作启动 U 盘完成信息提示对话框

出现该对话框说明 U 盘启动已经制作成功，那么用户可以单击大白菜软件主界面的"模拟启动"按钮检查制作是否真的成功。大白菜软件主界面如图 2-4 所示。

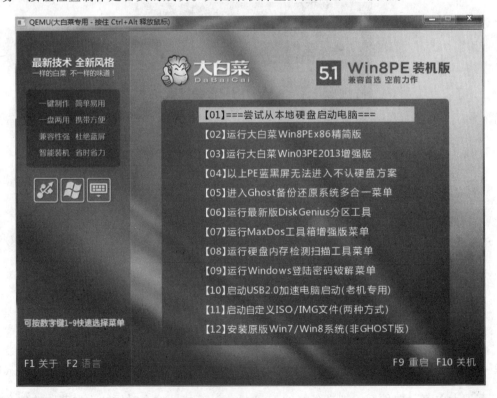

图 2-4

4.3 任务实施

准备一个容量空间大于 2 GB 的 U 盘，到大白菜官方网站下载 U 盘启动盘制作软件，并安装。完成表 2-1 的填写。

表 2-1　U 盘启动盘制作参数

序号	参数	详细说明
1	U 盘大小	
2	U 盘启动盘制作软件名称	
3	U 盘格式	
4	U 盘启动模式	
5	是否制作成功	
存在问题		

任务 5　BOIS 设置

BIOS（Basic Input Output System）是一种程序，直译过来后中文名称就是"基本输入输出系统"，它是一组固化到计算机内主板上一个 ROM 芯片上的程序，保存着计算机最重要的基本输入输出的程序、系统设置信息、开机上电自检程序和系统启动自举程序。简言之就是为计算机提供最底层的、最直接的硬件设置和控制。

CMOS 是互补金属氧化物半导体的简称，是计算机主板上一块可读写的 RAM 芯片，用来保存当前系统的硬件配置和用户对某些参数的设定。

BIOS 和 CMOS 既相关但又有不同：BIOS 是系统设置程序用以完成参数设置；CMOS 则是系统参数存放的场所。由于它们都跟系统设置密切相关，故有 BIOS 设置和 CMOS 设置的说法，完整的说法应该是通过 BIOS 设置程序对 CMOS 参数进行设置。

目前 BIOS 的品牌主要有 AWARD 与 AMI 两种，那么如何区分这两种 BIOS 呢？最简单的方法是进入 BIOS 程序后，如果看见的 BIOS 程序界面为蓝底白字（见图 2-5），一般都是 AWARD 的 BIOS 程序；如果程序界面为灰底蓝字（见图 2-6），一般都是 AMI 的 BIOS 程序。

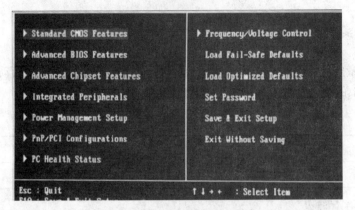

图 2-5　AWARD 的 BIOS 程序

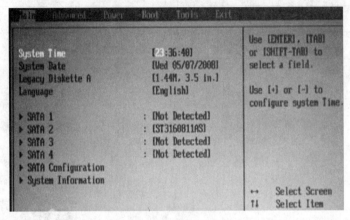

图 2-6　AMI 的 BIOS 程序

5.1　设置 AWARD BIOS 的参数

在计算机自检启动的过程中，当屏幕下出现提示"Press Del to enter SETUP"，此时按下"Del"键即可进入 CMOS 设置程序。该 BIOS 的操作方法如表 2-2 所示。

表 2-2　BIOS 操作方法参考表

方向键"↑、↓、←、→"	移动到需要操作的项目上
"Enter"键	选定此选项
"Esc"键	从子菜单回到上一级菜单或者跳到退出菜单
"+"或"PU"键	增加数值或改变选择项
"−"或"PD"键	减少数值或改变选择项
"F1"键	主题帮助，仅在状态显示菜单和选择设定菜单有效
"F5"键	从 CMOS 中恢复前次的 CMOS 设定值，仅在选择设定菜单有效
"F6"键	从故障保护缺省值表加载 CMOS 值，仅在选择设定菜单有效
"F7"键	加载优化缺省值
"10"键	保存改变后的 CMOS 设定值并退出

1. 标准 CMOS 设置（Standard CMOS Setup）

标准 CMOS 设置界面如图 2-7 所示，主要设置项目如下。

（1）Date（mm：dd：yy）：设置日期，格式为"星期，月、日、年"，系统会自动换算星期值。

（2）Time（hh：mm：ss）：以 24 小时制设置时间，格式为"时：分：秒"。

（3）IDE 接口的设备的设定：IDE Primary Master（第 1 个主盘）、IDE Primary Slave（第 1 个从盘）、IDE Secondary Master（第 2 个主盘）、DE Secondary Slave（第 2 个从盘）。

按键盘的上下箭头选择"IDE Primary Master（第 1 个主盘）"，然后按回车键，如图 2-8 所示。各参数含义如下：

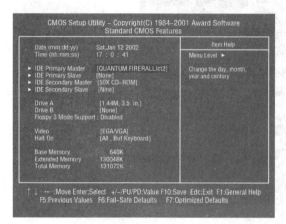

图 2-7　标准 CMOS 设置

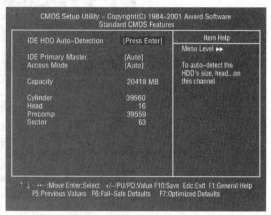

图 2-8　硬盘参数自动检测

IDE HDD Auto-Detection ——硬盘自动检测，建议选择"Auto 选项"；

IDE Primary Master ——硬盘型号，建议选择"Auto 选项"；

Access Mode ——硬盘工作模式；

Capacity ——容量；

Cylinder ——柱面；

Head ——磁头；

Precomp ——写预补偿；

Landing Zone ——登录区；

Sector ——扇区；

按回车键后系统将自动检测以上参数。

（4）Drive A 或 B：可设置的软驱类型有 360 KB、1.2 MB、720 KB、1.44 MB、2.88 MB 和 None。

（5）Floppy 3 Mode Support：设置是否支持第三国软驱模式。第三国常指日本等，一般设为 Disabled。

（6）Video：显示类型可选 EGA/VGA、CGA40、CGA80、MONO。系统默认为 EGA/VAG。

（7）Halt On：错误终止。

（8）Base Memory：基本内存。

（9）Extended Memory：扩展内存。

（10）Total Memory：内存总量。

2. BIOS 特性设置（Advanced BIOS Features）

BIOS 特性设置主要用于改善系统的性能，这是 BIOS 设置中最重要的一项，其界面如图2-9 所示。

图 2-9　BIOS 特性设置

（1）Quick Power On Self Test（快速开机自检）：当计算机加电开机时，主板上的 BIOS 会执行一连串的检查测试，检查的对象是系统和周边的设备。

（2）Virus Warning（病毒警告）：当此项设定为 Enabled 时，如果有软件程序要在引导区（Boot Sector）或者在硬盘分配表（Partition Table）写入信息时，BIOS 会警告可能有病毒侵入。

（3）CPU Level 1 Cache（中央处理器一级缓存）：设置是否打开 CPU 的一级缓存，当打开时系统速度会比关闭时快，推荐打开（Enabled）。

（4）CPU Level 2 Cache（中央处理器二级缓存）：此项与上一项相似，推荐打开。

（5）Processor Number Feature（显示 CPU 处理器的序列号）：此功能只对 Intel 的 Pentium Ⅲ处理器有效，如果设定为 Disabled，则程序将无法读取处理器的序列号。

（6）First Boot Device（第一优先开机设备）：当计算机开机时，BIOS 将尝试从外部存储设备中载入启动信息。

（7）Swap Floppy Drive（软盘位置互换）：此选项可以让计算机使用者不用打开机箱就可以实现 A、B 软驱的互换。建议关闭该选项，以加快启动速度。

（8）Boot Up Floppy Seek（启动时检查软驱）：当计算机加电开机时，BIOS 会检查软驱是否存在。

（9）Boot Up Numlock Status（启动时数字小键盘状态）：

On—— 开机后，键盘右侧的数字键盘设定为数字输入模式。

Off——开机后，键盘右侧的数字键盘设定为方向键盘模式。

（10）Typematic Rate Setting（键盘输入调整）：选择是否可以调整键盘的输入速率，一般为不用修改。

（11）Typematic Rate （Chars/Sec）（键盘重复输入的速率）：当你按住键盘上某一按键时，键盘将按用户设定的值重复输入（单位：字节/秒）。

（12）Typematic Delay（Msec）（键盘重复输入的时间延迟）：当你按住某一按键时，超过用户在此设定的延迟时间后，键盘会自动以一定的速率重复输入你所按住的字符。

（13）Security Option（密码设定选项）：此项目共有两个选项可以选择，即 System 和 Setup。

（14）OS Select For DRAM>64 MB（系统内存大于 64 MB 时的系统选择）：当系统内存大于 64 MB 时，BIOS 与系统的桥梁作用会因为操作系统的不同而不同。

（15）Report No FDD For Windows 95（分配软驱中断）：

No——分配中断 6 给软驱。

Yes——软驱自动检测 IRQ6。

（16）Video BIOS Shadow（视频 BIOS 影子内存）：因为 ROM 芯片的存取速度较慢，而影子内存的存取速度很快，所以当设置为 Enabled 时，则允许将显卡上的视频 ROM 代码复制到系统内存中（即为这些代码的影子），以加快访问速度（缩短 CPU 等待时间），应设置为 Enable。

（17）Shadowing address ranges（扩充接口卡上的 BIOS 快速执行功能地址范围）：用以设定接口卡上的 BIOS 在某一选择范围内的位置是否要使用快速执行功能。

（18）Delay IDE Initial（Sec）（延迟初始化 IDE 数值）：这个选项是为一些老的硬盘和光驱而设的，当 BIOS 无法去诊测到它们或无法开机载入信息时，就可以使用这个选项。可供选择的值为 0 ~ 15，数值越大，则延迟的时间越长。

3. 芯片组参数设置（Advanced Chipset Features）

芯片组特性设置是为了改变主板上的芯片组内存的特性而设立的。由于内存的参数设置跟系统是否能正常运转有着相当大的关系，如果不是很了解主板，则不要随便改变参数的设置。一旦参数设置改乱，有可能导致系统频繁死机或出现开不了机的现象。芯片组设置界面如图 2-10 所示。

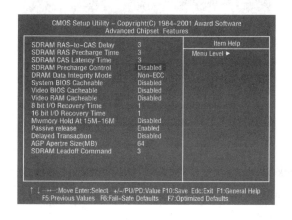

图 2-10　芯片组设置

（1）SDRAM RAS-to-CAS Delay：此项允许 DRAM 写入、读取或者更新资料时，在 CAS 和 RAS 触发信号间插入延迟。

（2）SDRAM RAS Precharge Time：预充电时间是指在 DRAM 更新之前，RAS 累计 DRAM 所需要花费的周期数。

（3）SDRAM CAS Latency Time：此选项提供了 2 和 3 个选项。你可以根据系统所使用的 SDRAMR 的规格来进行选择。

（4）SDRAM Precharge Control：此选项决定了在 SDRAM 发生分页遗漏时系统所采取的动作。

（5）SDRAM Data Integrity Mode：当系统的内存具有 ECC（Error Correcting Code）功能时，请开启该项，供选择项有 ECC 和 Non-ECC。

（6）System BIOS Cacheable（对系统 BIOS 进行高速缓冲）：当对系统 BIOS 进行 Shadow 后，可以显著提升运行速度。

（7）Video BIOS Cacheable：对系统 BIOS 进行 Shadow 后，可以显著提升运行速度。

（8）Video RAM Cacheable：当选择了 Enabled，可以由 L2 缓存来加速 RAM 的执行速度。

（9）8 bit I/O Recovery Time：设置两个连续的 8 bit I/O 信号发生时所要延迟的系统周期。

（10）16 bit I/O Recovery Time：设置两个连续的 16 bit I/O 信号发生时所要延迟的系统周期。

（11）Memory Hold At 15 ~ 16 MB：此项可以让 BIOS 将 15 ~ 16 MB 这 1 MB 内存保留。虽有些特殊的周边设备需要用到这 1 MB 内存，但建议关闭（Disabled）。

（12）Delayed Transaction：设置延迟交换时间。

（13）AGP Aperture Size（MB）：此项可制定 AGP 设备取用内存的容量。

4. 周边设备设置（Integrated Peripherals）

周边设备设置界面如图 2-11 所示。

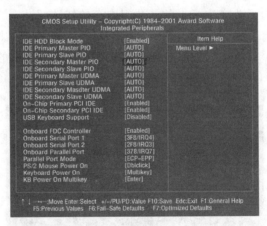

图 2-11　周边设备设置

（1）IDE HDD Block Mode：设置是否使用 IDE 硬盘的块传输模式。

（2）IDE Primary Master PIO：设置第一个 IDE 主接口使用的可编程输入输出模式，可选择的范围是 0、1、2、3 或 4。

（3）IDE Primary Master UDMA：设置第一个 IDE 主接口使用的 Ultra DMA 传输模式。

（4）On-Chip Primary PCI IDE：设置是否允许使用芯片组内建的第一个 PCI IDE 接口。

（5）USB Keyboard Support：设置是否支持 USB 键盘。

（6）Onboard FDC Controller：设置是否允许使用主板内建的软驱接口。

（7）Onboard Serial Port 1：设置 COM1（串口 1）资源配置，默认值为 3F8/IRQ4。通过改变其值，可避免地址和中断请求的冲突。

（8）Onboard Serial Port 2：设置 COM2（串口 2）资源配置，默认值为 2F8/IRQ3。

（9）Onboard Parallel Port：设置并口资源配置，默认值为 378/IRQ7。

（10）Parallel Port Mode：设置并口传输模式。一般设置为标准模式，即 Normal 或 SPP 模式。

（11）PS/2 Mouse Power On：设置鼠标开机功能。设置为 DblClick，按两次 PS/2 鼠标左键或右键开机。

（12）Keyboard Power On：设置键盘开机功能。

Disabled——关闭键盘开机功能。

Multikey——可设定开机的组合键。

（13）KB Power On Multikey：设置开机组合键。

5. 电源管理模式设置（Power Management Setup）

电源管理模式设置界面如图 2-12 所示。

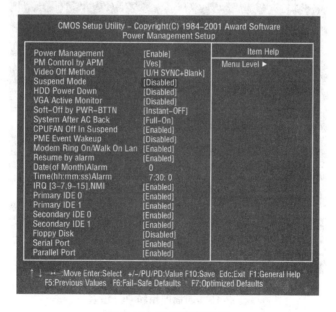

图 2-12　电源管理设置

（1）Power Management：电源管理。设置电源的工作模式，以决定是否进入节能状态。

（2）PM Control by APM：设置由 APM（高级电源管理）控制电源。

（3）Video Off Method：设置节能方式时的显示器状态。

（4）Suspend Mode：延迟模式。

（5）HDD Power Down：关闭硬盘电源。

（6）VGA Active Monitor：监视显示器信号状态。

（7）Soft-Off by PWR-BTTN：电源开关方式。

（8）System After AC Back：电源恢复时的系统状态。

（9）CPU Fan Off In Suspend：设置在延迟模式时是否停止 CPU 风扇。

（10）PME Event Wakeup：设置电源管理事件唤醒功能。

（11）Modem Ring On/Walk On LAN：设置调制解调器/网络唤醒功能。

（12）Resume by Alarm：设置定时开机功能。

（13）Date（of Month）Alarm & Time（hh：mm：ss）Alarm：设置定时开机的日期和时间。

（14）IRQ[3-7，9-15]，NMI：中断中止。

（15）Primary IDE 0：IDE 设备存取设置。

（16）Floppy disk：软盘设置（设置方法同上）。

（17）Serial Port：串口设置（设置方法同上）。

（18）Parallel Port：并口设置（设置方法同上）。

6. PNP/PCI 模块设置（PNP/PCI Configuration）

PNP/PCI 模块设置界面如图 2-13 所示。

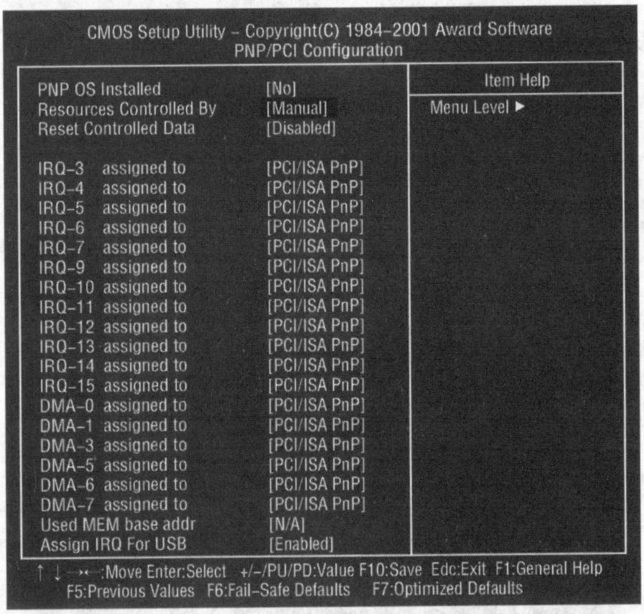

```
          CMOS Setup Utility – Copyright(C) 1984–2001 Award Software
                            PNP/PCI Configuration
                                                       ┌──────────────────┐
  PNP OS Installed              [No]                    │    Item Help     │
  Resources Controlled By       [Manual]                │ Menu Level ▶     │
  Reset Controlled Data         [Disabled]              │                  │
                                                        │                  │
  IRQ–3    assigned to          [PCI/ISA PnP]           │                  │
  IRQ–4    assigned to          [PCI/ISA PnP]           │                  │
  IRQ–5    assigned to          [PCI/ISA PnP]           │                  │
  IRQ–6    assigned to          [PCI/ISA PnP]           │                  │
  IRQ–7    assigned to          [PCI/ISA PnP]           │                  │
  IRQ–9    assigned to          [PCI/ISA PnP]           │                  │
  IRQ–10   assigned to          [PCI/ISA PnP]           │                  │
  IRQ–11   assigned to          [PCI/ISA PnP]           │                  │
  IRQ–12   assigned to          [PCI/ISA PnP]           │                  │
  IRQ–13   assigned to          [PCI/ISA PnP]           │                  │
  IRQ–14   assigned to          [PCI/ISA PnP]           │                  │
  IRQ–15   assigned to          [PCI/ISA PnP]           │                  │
  DMA–0    assigned to          [PCI/ISA PnP]           │                  │
  DMA–1    assigned to          [PCI/ISA PnP]           │                  │
  DMA–3    assigned to          [PCI/ISA PnP]           │                  │
  DMA–5    assigned to          [PCI/ISA PnP]           │                  │
  DMA–6    assigned to          [PCI/ISA PnP]           │                  │
  DMA–7    assigned to          [PCI/ISA PnP]           │                  │
  Used MEM base addr            [N/A]                   │                  │
  Assign IRQ For USB            [Enabled]               │                  │
                                                       └──────────────────┘
  ↑↓→←:Move Enter:Select  +/–/PU/PD:Value F10:Save  Edc:Exit  F1:General Help
       F5:Previous Values  F6:Fail–Safe Defaults    F7:Optimized Defaults
```

图 2-13　即插即用和 PCI 设置

（1）PNP OS Installed：是否安装了即插即用操作系统。

（2）Resources Controlled By：系统资源控制。设置为 Manual 时，窗口中出现 IRQ 和 DMA 菜单以供用户分配 IRQ 和 DMA。

（3）Reset Contrdled Data：是否允许系统自动重新分配 IRQ、DMA 和 I/O 地址。

（4）IRQ[3-15] & DMA[0-7] assigned to：设置 IRQ 和 DMA 资源的使用。

（5）Used MEM base addr：设置是否使用常规内存，建议值为 N/A。

（6）Assign IRQ For USB：设置是否为 USB 分配 IRQ。

7. 计算机健康状态设置（PC Health Status）

计算机健康状态设置（PC Health Status）界面，如图 2-14 所示。本设置主要是对 CPU 的温度、风扇转速，电源风扇、电压等的监控数值进行设置。例如，对于 Shutdown Temperature（开机温度）选项，当选择了 75 ℃，一旦计算机系统开机的温度超过了这个上限，就会自动关机。

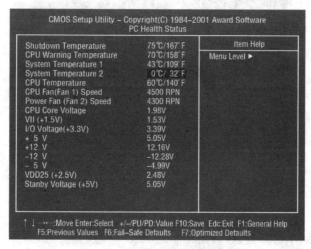

图 2-14　计算机健康状态设置

8. 装载安全模式参数（Load Fail-safe Default）

此项仅仅将 BIOS 的参数设置成厂商设定的缺省值。这是最保守的设置，如果对软硬件的要求较低，不考虑系统的运行效率，只为确保系统的正常运行，可选择此项。当在主菜单中选择 "Load Fail-safe Default" 并按回车键后，则进入 BIOS 缺省参数自动设置功能，显示如图 2-15 所示。

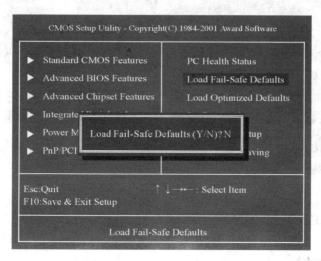

图 2-15　加载安全模式参数

9. 装载优化模式参数（Load Optimized Defaults）

选择此项后按回车键，显示"Load Optimized Defaults（Y/N）"对话框，提示是否载入 BIOS 的最佳设置值。键入"Y"并按下回车键，即载入系统提供的最佳设置参数，如图 2-16 所示。

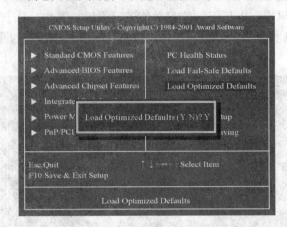

图 2-16　装载优化模式参数

10. 密码设定（Set Password）

当选择这项并按回车键则进入"Enter password："对话框，如图 2-17 所示。输入密码并按回车键，画面提示"Confirm Password："，此时再重复输入密码，输入完成后并按回车键即可完成密码的设定。

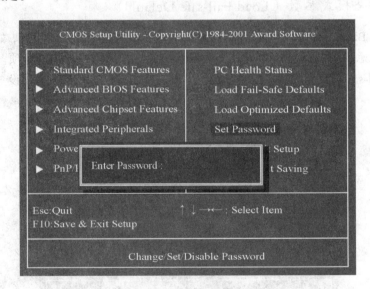

图 2-17　密码设置

完成 BIOS 设置后，选择"SAVE to CMOS and EXIT（保存并退出）"或者按下 F10 键即可，如图 2-18 所示。如果不想保存，则选择"Quit Without Saving"（不保存退出）。切记，设置的参数只有存盘后才能起作用。

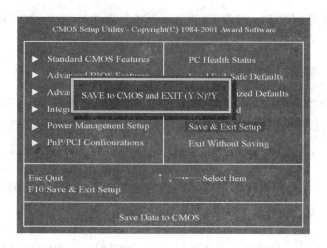

图 2-18　保存退出

5.2　升级 BIOS 要注意的问题

升级 BIOS 并不繁杂，只要认真、仔细，应该是不会出现问题的。但升级过程中一定要注意以下几点：

（1）进入纯 DOS 模式，不要加载任何硬件产品的驱动，也不要运行任何程序。

（2）使用和主板相符的 BIOS 升级文件，尽可能用原厂提供的 BIOS 升级文件。

（3）BIOS 刷新程序和 BIOS FIREWARM 要匹配。一般情况下原厂的 BIOS 程序升级文件和刷新程序是配套的，所以最好一起下载。

（4）虽然很多杂志或朋友都建议在软盘上升级，可是由于软盘的可靠性不如硬盘，很可能造成升级失败，因此，建议最好在硬盘上升级 BIOS。

（5）升级时一定要备份原 BIOS，如果升级不成功，那还有恢复的希望。

（6）部分主板提供商在 BIOS 程序中内置了 BIOS 更新程序，所以在升级 BIOS 前，应该在 BIOS 里把“System BIOS Cacheable”选项设为 Disabled。

（7）某些主板出于保护 BIOS 的原因，设置了硬跳线禁止 BIOS 写入，或者在 BIOS 中设置的“BIOS UPDATA”的选项设为 DISABLED，因此在更新之前尽量检查这两项设置，不然会出现更新失败。

（8）写入过程中不允许停电或半途退出，因此如果有条件的话，尽可能使用 UPS 电源，以防不测。

5.3　BIOS 故障及处理

1. 怎样进入 BIOS 设置程序

虽然世界上设计生产 BIOS 的厂商并不多，但是某些品牌机和兼容机设计不尽相同，所以进入 BIOS 设置的方法也各不相同。大部分进入 BIOS 设置的键都已经设置为“Del”或者“Esc”，但是也有部分 BIOS 是通过 F10 或者 F2 进入，其中一些更特别的 BIOS 还需要根据其提示进行操作。

2. 开机显示 "BIOS ROM checksum error-System halted"

BIOS 信息检查时发现错误，无法开机，遇到这种情况比较棘手，因为这样通常是刷新 BIOS 错误造成的，也有可能是 BIOS 芯片损坏。但不管如何，BIOS 都需要被修理。

3. 开机显示 "CMOS battery failed"

没有 CMOS 电池。一般来说都是 CMOS 没有电了，更换主板上的锂电池即可。

4. 开机显示 "CMOS checksum error-Defaults loaded"

CMOS 信息检查时发现错误，因此恢复到出厂默认状态。这种情况发生的可能性较大，但是大部分原因都是因为电力供应造成的，比如超频失败后 CMOS 放电也可以出现这种情况。此时应该立刻保存 CMOS 设置以观后效，如果再次出现这个问题，建议更换锂电池。在更换电池仍无用的情况下，应将主板送修，因为 CMOS 芯片可能已经损坏。

5. 开机显示 "Press F1 to continue，DEL to enter SETUP"

按 F1 键继续，或者 DEL 键进入 BIOS 设置程序。通常出现这种情况的可能性非常多，但是大部分都是告诉用户 BIOS 设置发现问题，且问题的来源不确定，有可能是 BIOS 的设置失误，也可能是检测到没有安装 CPU 风扇等。用户可以根据这段话上面的提示进行实际操作。

6. 开机显示 "Hard disk install failure"

硬盘安装失败。检测任何与硬盘有关的硬件设置，包括电源线、数据线等，还包括硬盘的跳线设置。如果是新购买的大容量硬盘，也要搞清楚主板是否支持。如果上述都没有问题，那很可能是硬件出现问题，IDE 口或者硬盘损坏，但是这种出现几率极小。

7. 开机显示 "Primary master hard disk fail"

Primary master IDE 硬盘有错误。同样的情况还出现在 IDE 口的其他主从盘上，此处就不介绍了。检测任何与硬盘有关的硬件设置，包括电源线、数据线等，还包括硬盘的跳线设置。

8. 开机显示 "Floppy disk（s）fail"

软驱检测失败。检查任何与软驱有关的硬件设置，包括软驱线、电源线等，如果这些都没问题，那可能就是软驱故障了。

9. 开机显示 "Keyboard error or no keyboard present"

键盘错误或者找不到新键盘。检查键盘连线是否正确，重新插拔键盘以确定键盘好坏。

10. 开机显示 "Memory test fail"

内存测试失败。因为内存不兼容或故障所导致，所以请先以每次开机检测一条内存的方式分批测试，找出故障的内存，降低内存使用参数或者送修。

5.4 任务的实施

任务要求如下：

（1）用 BIOS 软件查看系统当前时间、硬盘大小并做记录。

（2）设置第一启动盘为 U 盘，第二启动盘为硬盘，第三启动盘为光驱。

（3）设置 USB 控制器为可用（Enabled），USB 键盘控制支持为可用（Enabled）。

（4）设置小键盘数字键有效。

（5）保存修改后的结果，并退出 BIOS 程序。

（6）填写表 2-3。

表 2-3　BIOS 参数设置

序号	BIOS 对应项名称	设置的结果参数	备注

任务6　硬盘与格式化

在前面的任务中对硬盘进行了介绍，这里主要讲解硬盘的分区与格式化。在这之前，必须了解一些概念。

6.1 基本概念

1. 什么是磁道、扇区、簇

磁道是位于磁盘一面上的一个数据环。不同的磁盘将磁道分割成不同数目的扇区。簇是磁盘空间的配置单位，即磁盘存储的最小物理空间，可以是一个或多个扇区的组合，如图 2-19 所示。

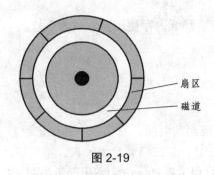

图 2-19

2. 什么是分区

分区从实质上说就是对硬盘的一种格式化。分区的目的有：

（1）对硬盘初始化以便存储数据；

（2）便于管理数据，提高磁盘空间利用率；

（3）便于安装操作系统，不同的分区可以安装不同的操作系统，实现多操作系统；

硬盘分区有三种方式，它们分别是主磁盘分区、扩展磁盘分区、逻辑分区。他们关系如图 2-20 所示。

主磁盘分区：用来启动计算机，计算机在打开时会到主磁盘分区内读取"启动扇区"以来启动操作系统，至少 1 个。

扩展磁盘分区：扩展磁盘分区只可以被用来存储文件、无法启动计算机。扩展分区是不能直接用的，他是以逻辑分区的方式来使用的，所以说扩展磁盘分区只能有 1 个而逻辑分区可以有多个。

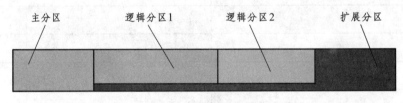

图 2-20 磁盘分区

3. 什么是文件系统

文件系统是操作系统中组织、存储和命名文件的程序。常用的文件系统有：FAT16、FAT32、NTFS 等文件系统。其中，FAT32 支持的最大磁盘容量为 2 TB；NTFS 至此的最大磁盘容量为 256 TB。

6.2 硬盘分区与格式化

1. 分区工具介绍

在这里介绍几种常用的硬盘分区工具。

（1）DOS FDISK 命令：该命令允许用户建立主分区和扩展分区，如果硬盘容量为 30 MB 或小于此值，那就只能建立一个硬盘分区。除此之外，该命令还可以删除分区和激活某一分区。总的来说，DOS FDISK 命令功能简单，程序短小精悍。

（2）Ranish Partition Manager（Ranish PM）硬盘分区管理软件：该软件可以创建、删除硬盘分区，还能改变硬盘分区的大小，支持 FAT16 和 FAT32 文件系统。可以在系统引导时选择活动分区，或是从第二个硬盘启动，也能够屏蔽某一分区，还能在一个硬盘上建立 31 个主分区，并能检测引导区病毒。由于 Ranish PM 采用了 GPL（General Public License）特许源代码编制，对任何程序都不具有攻击性，安全系数较高。

（3）Partition Magic（PQMAGIC）硬盘动态分区大师：该工具是 PowerQuest 公司编制的一套非常流行的软件，有在 DOS 环境下运行的版本，也有在 Windows 环境下运行的版本，文件系统有 FAT16、FAT32、NTFS、Linux 的 EXT2、OS/2 的 HPFS 格式等等。该软件可以在不破坏原有数据的基础上，任意调节各分区间的大小，彻底解决安装软件时的磁盘容量不够的问题。还可以对特定的硬盘分区进行隐藏、磁盘分析和纠错等等。

（4）DiskGenius 是一款磁盘分区及数据恢复软件。除具备基本的建立分区、删除分区、格式化分区等磁盘管理功能外，还提供了强大的已丢失分区恢复功能（快速找回丢失的分区），误删除文件恢复、分区被格式化及分区被破坏后的文件恢复功能，分区备份与分区还原功能，复制分区、复制硬盘功能，快速分区功能，整数分区功能，检查分区表错误与修复分区表错误功能，检测坏道与修复坏道的功能，提供基于磁盘扇区的文件读写功能。支持 VMware、Virtual PC、VirtualBox 虚拟硬盘文件格式，支持 IDE、SCSI、SATA 等各种类型的硬盘及各种 U 盘、USB 移动硬盘、存储卡（闪存卡）。支持 FAT12/FAT16/FAT32/NTFS/EXT3 文件系统。

2．硬盘分区与格式化

通过上面的 4 款硬盘维护工具的介绍，下面具体来学习 DiskGenius 软件。

1）DiskGenius 主界面介绍

DiskGenius 的主界面由三部分组成。分别是硬盘分区结构图、分区目录层次图、分区参数图，如图 2-21 所示。

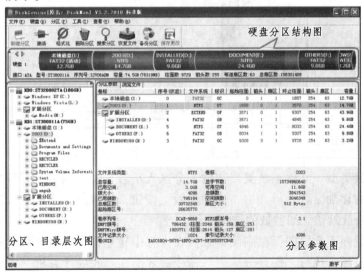

图 2-21　DiskGenius 主界面

（1）硬盘分区结构图用不同的颜色显示了当前硬盘的各个分区。用文字显示了分区卷标、盘符、类型、大小。逻辑分区使用网格表示，以示区分。用绿色框表示的分区为"当前分区"，用鼠标点击可在不同分区间切换。结构图下方显示了当前硬盘的常用参数，通过点击左侧的两个"箭头"图标可在不同的硬盘间切换。

（2）分区目录层次图显示了分区的层次及分区内文件夹的树状结构。通过点击可切换当前硬盘、当前分区。也可点击文件夹以在右侧显示文件夹内的文件列表。

（3）分区参数图在上方显示了"当前硬盘"各个分区的详细参数（起止位置、名称、容量等），下方显示了当前所选择的分区的详细信息。

2）建立分区

建立分区之前首先要确定准备建立分区的类型。有三种分区类型，它们是主分区、扩展分区和逻辑分区。主分区是指直接建立在硬盘上、一般用于安装及启动操作系统的分区。由于分区表的限制，一个硬盘上最多只能建立四个主分区，或三个主分区和一个扩展分区；扩展分区是指专门用于包含逻辑分区的一种特殊主分区，可以在扩展分区内建立若干个逻辑分区；逻辑分区是指建立于扩展分区内部的分区，没有数量限制。

（1）建立主分区。

在空闲区域上点击鼠标右键，在弹出的菜单中选择"建立新分区"菜单项，程序会启动"建立分区"对话框，如图 2-22 所示。

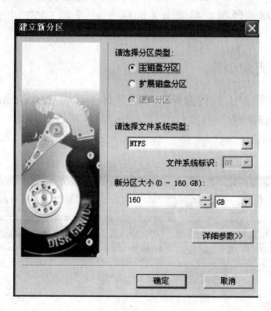

图 2-22　建立主分区

按需选择分区类型、文件系统类型和输入分区大小后点击"确定"即可建立分区。如果需要设置新分区的详细参数，可点击"详细参数"按钮，以展开对话框进行详细参数设置。不过对于一般的分区默认详细参数的选择即可。

新分区建立后并不会立即保存到硬盘，仅在内存中建立，这样做的目的是为了防止因误操作造成的数据破坏。执行"保存分区表"命令后才能在"我的计算机"中看到新分区，要使用新分区，还需要在保存分区表后对其进行格式化。

（2）激活分区。

活动分区是指用以启动操作系统的一个主分区，一块硬盘上只能有一个活动分区。要将当前分区设置为活动分区，点击工具栏按钮"激活"，或点击鼠标右键并在弹出菜单中选择"激活当前分区"项。如果此时有其他分区处于活动状态，则将显示下面的警告信息，如图 2-23所示。

图 2-23　激活警告信息

同时如果需要清除原活动分区的激活标志，则可以通过点击菜单"分区"→"取消分区激活状态"项，取消当前分区的激活状态。

（3）删除分区。

先选择要删除的分区，然后点击工具栏按钮"删除分区"，或点击菜单"分区"→"删除当前分区"项，也可以在要删除的分区上点击鼠标右键，并在弹出菜单中选择"删除当前分区"项。程序将显示如下的警告信息，如图 2-24 所示。

图 2-24　删除警告信息

（4）隐藏分区（或取消隐藏分区）。

当分区处于隐藏状态时，操作系统将不为其分配盘符，在"我的计算机"中看不到这样的分区，应用程序也不能对其进行访问。隐藏分区内的文件没有丢失，只是通过正常方式无法访问，但是如果对分区进行参数修改就可能会使磁盘中数据丢失。

要隐藏分区，只需选中分区后点击菜单"分区"→"隐藏当前分区"项，也可以在要隐藏的分区上点击鼠标右键，并在弹出菜单中选择"隐藏当前分区"项。如果当前分区是系统分区或本软件所在分区，程序显示如图 2-25 所示。

图 2-25　当前分区是系统分区或本软件所在分区时系统提示

如果当前分区正在使用中，程序会询问是否卸载当前分区，如图 2-26 所示。

图 2-26 系统提示当前分区正在使用，是否卸载

3）文件的恢复

关于 DiskGenius 的常见使用还有很多，例如分区的备份，还原，数据恢复等。当计算机内的文件被无意的删除，遭到病毒破坏或分区被格式化后，只要没有建立新的文件，操作系统没有写入新的数据，这些被删除的文件数据就不会被破坏。因为操作系统在删除文件时，只是将被删除文件打上了"删除标记"，并将文件数据占用的磁盘空间标记为"空闲"。

（1）恢复已删除的文件

要开始恢复已删除的文件，选择已删除文件所在的分区，然后点击工具栏按钮"恢复文件"，或点击主菜单"工具"中的"已删除或格式化后的文件恢复"菜单项，以打开文件恢复对话框，如图 2-27 所示。

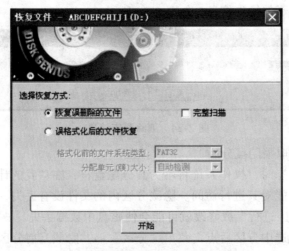

图 2-27 恢复文件对话框

对于"完整扫描"勾选框建议先不勾选，因为完整扫描耗时较长，如果搜索不到再采用完整扫描方式重新搜索。

搜索完成后，恢复文件对话框自动关闭。程序主界面将显示搜索到的文件，每个已删除文件前面都有一个复选框，左侧的文件夹层次图中的条目也加上了复选框。如图 2-28 所示。

对于不能确定归属的文件及文件夹或在原位置找不到要恢复的文件时，可以尝试在"丢失的文件"文件夹中查找文件。一般来说每一次恢复都要查找一遍这个文件夹，因为在这里中很可能有要恢复的重要文件。

在恢复文件的状态下，文件列表中的"属性"栏将给已删除文件增加两个字母标记"D"和"X"。"D"表示这是一个已删除的文件。"X"表示这个文件的数据可能已被部分或全部覆盖，文件数据完全恢复的可能性较小，如图 2-29 所示。

图 2-28　主界面显示搜索到的文件

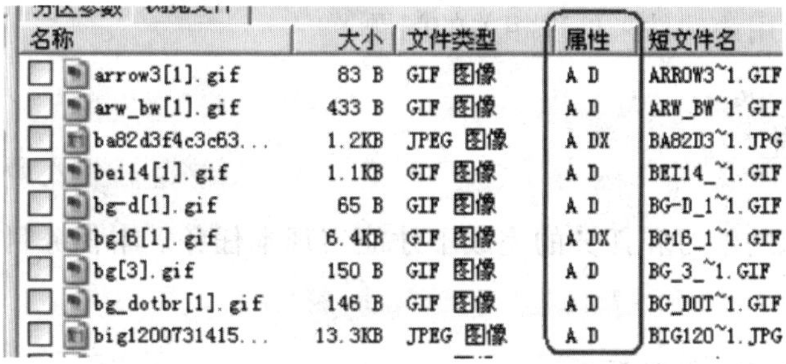

图 2-29　文件列表信息

要恢复搜索到的文件，先要选择要恢复的文件，然后在文件列表中点击鼠标右键，或打开"文件"主菜单，选择"复制到"菜单项。接下来选择存放恢复后文件的文件夹，点击确定按钮，程序会将当前选择的文件复制到指定的文件夹中。为防止复制操作对正在恢复的分区造成二次破坏，本软件不允许将文件恢复到原分区。最后当所有要恢复的文件都复制出来后，可以通过"分区"→"重新加载当前分区"菜单项释放当前分区在内存中的暂存数据，并从磁盘加载当前分区，显示分区的当前状态。

（2）格式化后的文件恢复。

如果不小心把磁盘格式化了，那么可以根据本节所学知识，在图 2-27 中选中"误格式化后的文件恢复"。格式化后的文件恢复搜索时间较长，接下来的操作步骤和"已删除文件的恢复"过程相同，不再赘述。下面有两点说明的地方：

关于回收站：根据 Windows 系统对回收站的功能设计，为防止回收站里的文件出现重名的情况，被移动到回收站的文件（或文件夹，但不包括文件夹中的文件）都会被重新命名（命名格式：D+盘符+编号+原扩展名）。文件的原名、路径、删除时间等信息则保存到一个名为"INF02"的文件中。清空回收站时，所有这些被重命名的文件都被删除，"INF02"文件被清空，文件的原路径及名称信息丢失。因此，对于回收站被清空的情况，本软件能够搜索到的是这些从回收站删除的、并已被重新命名的文件。由于原路径及名称信息丢失，无法恢复原路径及文件名。要恢复这样的文件，请在名为"RECYCLE"的文件夹下查找，可根据扩展名及文件大小确认文件。由于文件夹内的文件没有被重新命名，所以可以根据文件夹内的文件来确认文件夹是不是要恢复的文件夹。

关于恢复成功率：已删除文件的恢复技术，是通过搜索文件删除后在磁盘上留下的残余信息并经过一定地技术分析而实现的。本软件尝试通过各种先进技术及精准算法复原文件信息，以最大限度地提高文件恢复的成功率。但这种技术可能会受到一些因素的制约，如磁盘碎片的影响、用户创建文件的方式、文件删除后的其他操作造成数据被覆盖等，无法保证文件恢复能够 100% 成功。特别是 FAT32 文件系统，由于文件删除后的残余信息比较少，加之磁盘碎片的影响，一般来讲，恢复的成功率要比 NTFS 系统低。对于 NTFS 系统上的文件，只要是直接删除的（未移动到回收站）并且文件数据没有被覆盖，成功率甚至可以接近或达到 100%。

4）重建主引导记录（MBR）

"主引导记录"位于硬盘的第一个扇区中，用于选择并引导操作系统。本软件会在保存分区表时自动检查主引导记录（MBR），当发现 MBR 无效时会自动重建 MBR。因此对于新硬盘，使用本软件分区后，一般不用专门执行重建主引导记录的功能。但是有时候用 ghost 方法安装完系统后可能会出现找不到 MBR、MBR 遭到破坏或者需要清除主引导记录中的引导程序的情况，这时就可以用该软件来处理相关的问题。

6.3　任务实施

在通过前面知识的学习和任务的完成下才能实现本任务。本任务目的主要是训练对硬盘分区与隐藏分区。

1. 分区实现与隐藏分区

任务要求：

（1）利用 U 盘启动计算机，需要先设置 BIOS。

（2）进入 WINPE 操作系统，双击 DiskGenius。

（3）在 Diskgenius 软件中实现硬盘分区、格式化。

（4）隐藏任意一个逻辑分区。

（5）填写表 2-4。

表 2-4　硬盘分区设置

序号	盘符名称	分区类型	分区大小	文件系统	是否隐藏	备注

任务 7　Ghost 安装 Win7 操作系统

7.1　Win7 操作系统的安装

关于操作系统的安装方法有很多，如果从启动方式来划分就分为从光盘安装和从 U 盘安装两种。本节内容主要讲述 U 盘启动手动 Ghost 安装操作系统。在安装操作系统前一定要确认硬盘已经进行了格式化，步骤如下：

（1）将制作好的 U 盘启动盘插入计算机，设置从 U 盘启动，进入如图 2-30 所示画面，选择第三项"运行大白菜 Win03PE2013 增强版"。

图 2-30　Win8PE 安装主界面

（2）执行完第一步后，进入 WinPE 操作系统，选择 Ghost 克隆软件，如图 2-31 所示。

图 2-31　进入 WinPE 操作系统

（3）Ghost 软件启动后，单击"OK"按钮，如图 2-32 所示。

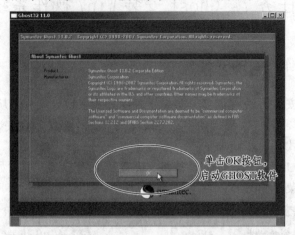

图 2-32 启动 GHOST 软件

（4）依次选择菜单"Local"→"Partition"→"From image"菜单，如图 2-33 所示。

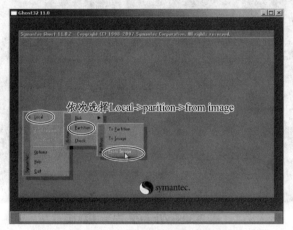

图 2-33 进入选择菜单

（5）选择 ghost 系统镜像文件所存放的位置，如图 2-34 所示。

图 2-34 选择镜像文件所存放的位置

（6）在"Select source partition from image file"对话框中选择第一项，单击"OK"，如图 2-35 所示。

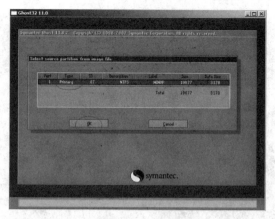

图 2-35 从镜像文件中选择子原分区

（7）在"Select local destination drive by clicking on the drive number"对话框中选择第一项，单击 OK，如图 2-36 所示。

图 2-36 选择本地目地驱动盘

（8）在"Select destination partition from Basic drive：1"对话框中选择第一项，单击"OK"，如图 2-37 所示。

图 2-37 从驱动盘中选择目地分区

（9）完成第八步后，ghost 会提示用户是否要克隆系统到原来的系统盘，这时候用户只需要单击"yes"即可，如图 2-38 所示。

图 2-38　确认克隆系统

（10）在这一步骤会出现如图 2-39 所示这个画面，这时用户可以休息一会等待安装完成即可。

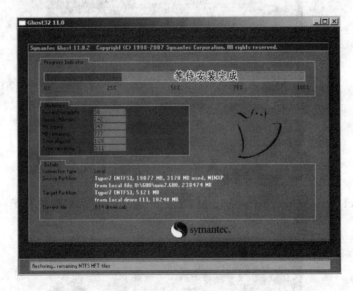

图 2-39　Ghost 安装系统界面

7.2　任务实施

1. 操作系统安装

在完成该任务之前需要保证 U 盘有启动功能，且 U 盘中有操作系统的 ghost 安装版本。如果硬盘是新买的还应该先格式化硬盘。

任务要求：

（1）设置计算机从 U 盘启动。

（2）进入大白菜 WinPE 操作系统。

（3）选择 GHOST 克隆软件进行系统的安装。

（4）完成表 2-5。

表 2-5　操作系统安装

编号	实验单项（步骤）	备注	其他

2. 文件删除与恢复

在完成该任务之前，需要计算机能从硬盘启动操作系统（即操作系统安装已完成）。

任务要求：

（1）在任意一个盘符下新建一文件夹，并把名字重命名为自己的名字例如"豆豆"。

（2）在新建的文件夹中再新建一个文件夹和一个 word 文件，并在该 word 文件中任意书写几行字。

（3）删除"豆豆"文件夹。

（4）利用 U 盘启动，进入 winPE 操作系统。

（5）打开 DiskGinius 软件，恢复删除的"豆豆"文件夹。

（6）观察该文件夹的属性和文件夹里面子文件夹的相关信息。

（7）完成表 2-6 的填写。

表 2-6   "豆豆"文件夹的删除与恢复

编号	实验单项	备注	其他

任务 8   操作系统的备份与恢复

为什么需要对操作系统进行备份与恢复的操作呢？首先，看看下面的问题。

（1）操作系统引导画面黑屏导致操作系统无法启动。

（2）进入系统异常慢，近乎死机的状态。

（3）引导滚动条静止不动，无法进入系统。

（4）输入登录用户名密码后无法显示桌面。

（5）系统经常蓝屏等。

如果出现这些问题，那么计算机就应该重新安装操作系统了。一般来说使用克隆别人的系统会造成系统不稳定，所以我们经常在克隆完别人的系统后还要卸载不必要的应用程序，重新安装自己的驱动和应用程序。那么每次装系统都做同样的事就显得有些费时，这时我们想到的是有没有一种方法能快速的解决这件事呢？答案是有。这需要自己用 Ghost 软件或其他软件进行系统的备份。

8.1   操作系统的备份

操作系统的备份方法一般分为两种，第一种是用操作系统本身的备份还原功能；另一种是用第三方的软件，例如 1 Key Ghost，还原精灵等。本教材主要用第三方软件 Ghost 进行操作。在任务 7 中用 Ghost 进行克隆安装操作系统，那么本节中对系统的备份操作就显得比较容易。关于系统的恢复请参看任务 7 操作系统的安装。系统备份的操作步骤如下。

（1）运行 Ghost 后，将光标移至"Local"→"Partition"→"To Image"菜单项上，如图 2-40 所示，然后单击回车键。

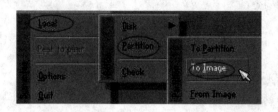

图 2-40　运行 Ghost 菜单

（2）在弹出的"Select local source drive by clicking on the drive number"即选择本地硬盘窗口，单击 OK 按钮即可，如图 2-41 所示。

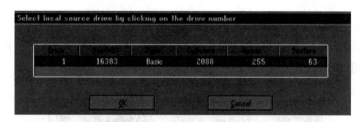

图 2-41　选择本地硬盘窗口

（3）在"Select source partition（s）from Basic drive：1"即选择源分区窗口（源分区就是需要把它制作成镜像文件的那个分区），选择第一项，单击 OK 按钮即可，如图 2-42 所示。

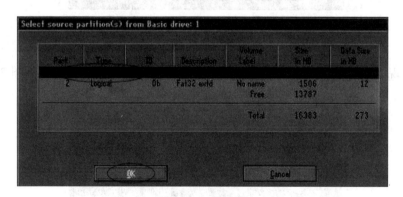

图 2-42　选择子原分区窗口

（4）在"File name to copy image to"即镜像文件存储目录对话框中默认存储目录是 Ghost 文件所在的目录，在"File name"处输入镜像文件的文件名，如输入 D：\sysbak\win7（需输入完全路径），表示将镜像文件 win7.gho 保存到 D：\sysbak 目录下，如图 2-43 所示，输好文件名后，再单击"save"按回车键即可。

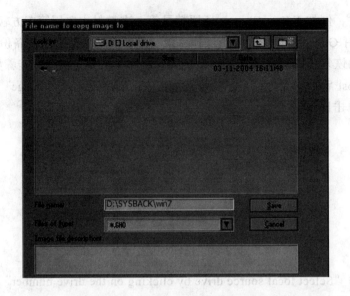

图 2-43　镜像文件存储目录对话框

（5）在出现的"是否要压缩镜像文件"窗口中，有"No（不压缩）""Fast（快速压缩）"
"High（高压缩比压缩）"三个选项，压缩比越低，保存速度越快。一般选"Fast"即可，将光
标移动到"Fast"上单击确定，如图 2-44 所示。

图 2-44　"是否要压缩镜像文件"窗口

（6）在出现的提示窗口中，用光标方向键移动到"Yes"上单击确定，如图 2-45 所示。

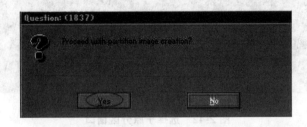

图 2-45　"进行分区镜像文件的创建"对话框

（7）Ghost 开始制作镜像文件，如图 2-46 所示。

（8）建立镜像文件成功后，会出现提示创建成功窗口，如图 2-47 所示。确认后退出 Ghost
软件，这时候系统备份完成。

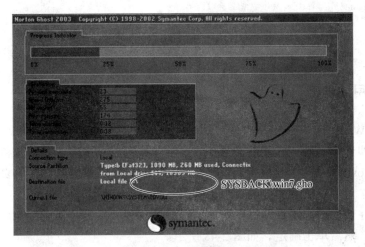

图 2-46　Ghost 开始制作镜像文件

图 2-47　"镜像文件成功创建"对话框

8.2　任务实施

在本任务中将实现操作系统的备份，所使用的软件为 Ghost，当然也可以用其他软件。

任务要求：

（1）安装第三方系统备份软件或者用 WinPE 系统中的 Ghost 软件。

（2）启动备份软件。

（3）进行系统的备份。

（4）完成下表 7 的填写。

表 2-7　操作系统备份任务单

编号	任务单项（步骤）	备注	其他

任务 9　注册表的使用

9.1　使用注册表

注册表是 Windows 系统用来存储计算机配置信息的数据库，它以分层的结构存储着五个方面的信息，即计算机的全部硬件配置，软件配置，当前配置，动态状态和用户特定设置等，用于帮助 Windows 对硬件，软件及用户环境进行控制。本任务主要对注册表进行简单的讲解，如需进一步的学习可以参看相应的资料。

（1）启动注册表的方法是单击系统的"开始"菜单，单击"运行"命令，录入"regedit"或"regedt32"，然后单击确定，如图 2-48 所示。

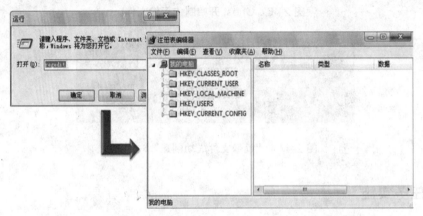

图 2-48　启动注册表

（2）进入注册表后，可以看见注册表结构，如图 2-49 所示。在左窗口中，从"我的计算机"开始，其下有 5 个分支，每一个名都以"HKEY"开头，称为主键；右窗口显示的是所选主键内包含的一个或多个键值，键值由键值名和键值数据两部分组成。主键中包括多级次级主键，注册表中的信息就是按多级的层次结构组织起来的，其中的每一个分支中保存着计算机中软件、硬件设置的特定信息和数据。

图 2-49　注册表结构

（3）下面对注册表结构划分进行简单的描述。

① HKEY_CLASSES_ROOT。

根据在 Windows 中文版中安装的应用程序的扩展名，该根键指明其文件类型的名称。

② HKEY_CURRENT_USER。

该根键包含本地工作站中存放的当前登录的用户信息，包括用户登录用户名和暂存的密码（注：此密码在输入时是隐藏的）。用户登录 Windows 时，其信息从 HKEY_USERS 中相应的项拷贝到 HKEY_CURRENT_USER 中。

③ HKEY_LOCAL_MACHINE。

该根键存放本地计算机硬件数据，此根键下的子关键字包括在 SYSTEM.DAT 中，用来提供 HKEY_LOCAL_MACHINE 所需的信息，或者在远程计算机中可访问的一组键中。该根键中的许多子键与 System.ini 文件中设置项类似。

④ HKEY_USERS。

该根键保存了存放在本地计算机口令列表中的用户标识和密码列表，每个用户的预配置信息都存储在 HKEY_USERS 根键中。HKEY_USERS 是远程计算机中访问的根键之一。

⑤ HKEY_CURRENT_CONFIG。

该根键存放着定义当前用户桌面配置（如显示器等）的数据，最后使用的文档列表（MRU）和其他有关当前用户的 Windows 中文版的安装的信息。

（4）注册表的备份方法。打开注册表后，单击"文件"→"导出"命令，即可进行注册表的备份，如图 2-50 所示。在对注册表进行备份之后，就可以放心地修改注册表，进行各种修改试验了。在出错的时候你只需要启动注册表编辑器，在"注册表"菜单中选择"导入"，选择注册表备份文件，这样就会显示正在恢复的进程。

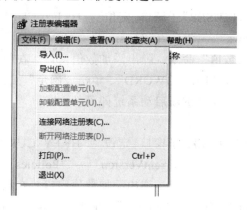

图 2-50　注册表备份

除了上面介绍的方法之外，还可以借助一些软件来实现注册表的备份，例如 Windows 优化大师、超级魔法兔子设置等。

（5）修改注册表的方法。

① 运行注册表编辑器。点击"开始"→"运行"，输入 REGEDIT 命令。

② 在注册表编辑器（REGEDIT）的左窗口中选定主键和子键分支（可能有多级）。

③ 双击右窗口的键值名，出现键值修改窗口。

④ 在窗口中修改键值。

⑤ 退出 REGEDIT，重新启动系统，注册表修改生效。

（6）注册表修改实例。

在修改注册表前，建议对注册表做备份，以便在系统出现异常时，可以把注册表恢复到原来的状态。以下是几个修改注册表的例子。

① 使 IE 窗口打开后即为最大化。

有时在我们使用 IE 浏览器时，不知道什么原因窗口就变小了，每次重新启动 IE 都是一个小窗口，即使用"最大化"还是无济于事。其实这是 IE 所具有的一种"记忆"结果，即下次重新开启的窗口默认是最前一次关闭的状态。要使它重新变大，可进入注册表，依次选择"HKEY_CURRENT_USER"→"Software"→"Microsoft"→"Internet Explorer"→"Main"，在右边删除"Windows_Placement"键。

另外，在"HKEY_CURRENT_USER"→"Software"→"Microsoft"→"Internet Explorer"→"Desktop"→"Old Workareas"右边的窗口中删除"OldWorkAreaRects"键，关闭注册表重新启动计算机，连续两次最大化 IE（即"最大化"→"最小化"→"最大化"），再次重启 IE，就 OK 了。

② 去掉"文档"菜单。

选择"HKEY_CURRENT_USER"子窗口，定位到"HKEY_CURRENT_USER"→"Software"→"Microsoft"→"Windows"→"CurrentVersion"→"Policies"→"Explorer"分支，再选择"编辑"菜单下的"添加数值"命令，弹出添加数值窗口。在数值名称中输入"NoRecentDocsMenu"，在数据类型下拉列表框中选择"REG_DWORD"，单击"确定"按钮。再将"NoRecentDocsMenu"键值设为"1"，最后单击"确定"按钮并重新启动系统即可。

③ 去掉"查找"菜单。

选择"HKEY_CURRENT_USER"子窗口，定位到"HKEY_CURRENT_USER"→"Software"→"Microsoft"→"Windows"→"CurrentVersion"→"Policies"→"Explorer"分支，再选择"编辑"菜单下的"添加数值"命令，弹出添加数值窗口。在数值名称中输入"NoFind"，在数据类型下拉列表框中选择"REG_DWORD"，单击"确定"按钮。再将"NoFind"键值设为"1"，最后单击"确定"按钮并重新启动系统即可。

④ 去掉"运行"菜单。

选择"HKEY_CURRENT_USER"子窗口，定位到"HKEY_CURRENT_USER"→"Software"→"Microsoft"→"Windows"→"CurrentVersion"→"Policies"→"Explorer"分支，再选择"编辑"菜单下的"添加数值"命令，弹出添加数值窗口。在数值名称中输入"NoRun"，在数据类型下拉列表框中选择"REG_DWORD"，单击"确定"按钮。再将"NoRun"键值设为"1"，最后单击"确定"按钮并重新启动系统即可。

⑤ 去掉"注销"菜单。

选择"HKEY_CURRENT_USER"子窗口，定位到"HKEY_CURRENT_USER"→"Software"→"Microsoft"→"Windows"→"CurrentVersion"→"Policies"→"Explorer"分支，再选择"编辑"菜单下的"添加数值"命令，弹出添加数值窗口。在数值名称中输入"NoLogOff"，在数据类型下拉列表框中选择"REG_DWORD"，单击"确定"按钮。再将"NoLogOff"键值设为"1"，最后单击"确定"按钮并重新启动系统即可。

⑥ 去掉"关闭系统"菜单。

选择"HKEY_CURRENT_USER"子窗口,定位到"HKEY_CURRENT_USER"→"Software" → "Microsoft" → "Windows" → "CurrentVersion" → "Policies" → "Explorer"分支,再选择"编辑"菜单下的"添加数值"命令,弹出添加数值窗口。在数值名称中输入"NoClose",在数据类型下拉列表框中选择"REG_DWORD",单击"确定"按钮。再将"NoClose"键值设为"1",最后单击"确定"按钮并重新启动系统即可。

9.2 任务实施

在该任务中将实现文件的彻底隐藏。

1. 任务要求

（1）在桌面新建一个 Word 文件,该文件的名字为"豆豆.doc"。
（2）设置该文件的属性为隐藏。
（3）实现给文件的普通隐藏,观察文件是否能显示。
（4）实现该文件的彻底隐藏,观察文件是否能显示。
（5）完成表 2-8 的填写。

表 2-8　文件隐藏任务单

编号	任务单项（步骤）	备注

2. 任务提示

（1）普通隐藏（通过 Windows 的"文件夹选项"窗口）。
（2）彻底隐藏（使用注册表）。

具体方法:依次打开 HKEY_LOCAL_MACHINE\Software\Microsoft\Windows\ CurrentVersion\explorer\Advanced\Folder\Hidden\SHOWALL 分支,然后在右边的窗口中双击 "CheckedValue"键值项,将它的键值修改为"0"。(如果没有该键值的话,可以自己新建一个名为"CheckedValue"的"DWord 值",然后将其值修改为"0"即可。)最后退出注册表编辑器,重新启动计算机。接下来你就发现设置为"隐藏"属性的文件可以彻底隐身了,即使是在"文件夹选项"窗口中选择"显示所有文件"。

第3章 VirtualBox 虚拟机的安装

【教学内容及目标】
（1）了解虚拟机。
（2）掌握虚拟机的配置。
（3）掌握虚拟机系统的安装。
（4）掌握虚拟机与主机文件共享与网络访问的设置。

任务 10 Virtualbox 软件的下载与安装

10.1 Virtualbox 软件的下载与安装

常用的虚拟机软件大概有三种：Microsoft Virtual PC，简称 VPC；VMware Workstation，简称 VMW；VirtualBox，简称 VBX。下面是这三种软件的对比，如表 3-1 所示。

表 3-1 三种软件对比

项目	VPC	VMW	VBX
所属	微软公司	VMware 公司	innotek 公司
授权	免费	注册	免费
语言	简中	汉化	简中
系统启动	另开窗口，比较直观，界面简洁，不能更改大小（最大化，还原按钮无效）	默认在原窗口，在上面增加标签，像个单窗口多页面浏览器，未启动时显示的是对应虚拟主机的硬件基本配置情况，可以任意改变窗口大小	另开窗口，比较直观，界面简洁，可更改大小
支持系统	主要有 Windows，其他操作系统的都笼统地归为"其他"	几乎所有的常见操作系统，比如 MS Windows，Linux，Novell NetWare，Sun Solaris，FreeBSD，MS-DOS 等（没有看到苹果机 Mac）	如 Windows，Linux，DOS，OS/2 Warp，OpenBSD，FreeBSD，NetBSD，NetWare，Solaris，L4 等
网络	目前支持 4 个网卡	VMW6 目前支持最大 8G 内存，2 个 CPU，10 个网卡，带远程连接	支持 4 个网卡，带远程桌面

续表 3-1

文件共享	在虚拟机的资源管理器中操作的	虚拟机的网上邻居的网络功能里实现的，有些复杂	可在软件中设置与主机共享文件夹，比较方便
支持接口	不支持 USB	支持目前常见的所有接口	各种设备基本都支持
主虚机切换	快捷键右键+Alt 键切换主机与虚拟机的鼠标捕获	快捷键 Ctrl+Alt 实现的	右 Ctrl
全屏快捷键	右 Alt+Enter	Ctrl+Alt+Enter	右 Ctrl+F
任务管理器	右 Alt+Del	Ctrl+Alt+Insert	右 Ctrl+Del
磁盘管理	虚拟硬盘不能改变大小，可以通过增加其他虚拟磁盘来挂接	虚拟磁盘可以随便更改大小，也可以通过映射挂接其他磁盘；在设置里 VMW 有整理磁盘碎片功能	虚拟磁盘可以设为固定大小，也可以动态调整，还可以挂接其他两个硬盘；虚拟存储管理器，管理虚拟磁盘、虚拟光盘、虚拟软盘

通过上面的对比，本书采用 VirtualBox 软件进行讲解。VirtualBox 的下载地址很多，但是还是建议到官网 https：//www.virtualbox.org/上进行下载，下面介绍具体的操作。

（1）在 IE 浏览器中录入官网，打开后单击左侧的"Download"命令，如图 3-1 所示。

图 3-1　VirtualBox 软件官网

（2）在出现的 Download 网页中选择需要的 VirtualBox 安装软件，如图 3-2 所示。本书主要讲解 Windows 操作系统平台下 VirtualBox 的配置与安装。

（3）查看下载好的软件，蓝颜色的为 VirtualBox 的安装包，绿色的为扩展包，如图 3-3 所示

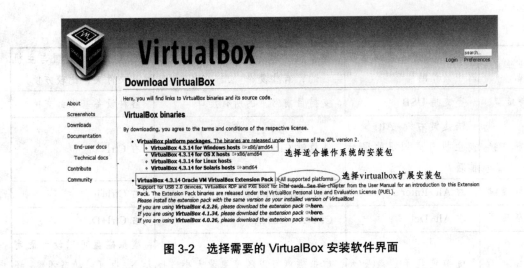

图 3-2　选择需要的 VirtualBox 安装软件界面

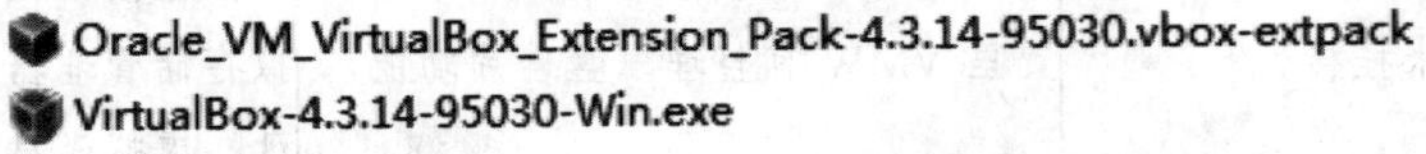

Oracle_VM_VirtualBox_Extension_Pack-4.3.14-95030.vbox-extpack
VirtualBox-4.3.14-95030-Win.exe

图 3-3　VirtualBox 的安装包与扩展包

（4）虚拟机软件下载完成后，双击蓝颜色的安装包进行安装，安装完成后单击绿色的扩展包进行安装，扩展包主要实现 USB 接口的使用。

10.2　任务实施

请登录 VirtualBox 官网下载 VirtualBox 最新安装软件和扩展包，并完成软件安装。

任务 11　虚拟机硬件的配置

11.1　虚拟机硬件的配置

虚拟机软件安装完成后就可以在该软件上进行一台虚拟计算机的模拟，计算机配置一般分为硬件配置和软件配置。下面就先讲述硬件的配置步骤。

（1）新建虚拟机，相当于现实中的裸机一样，可以根据要安装系统的硬件要求自行配置硬件，也可以直接选择默认，具体操作如图 3-4 所示。

（2）在弹出的新建对话框中设置计算机名字，例如 win_xp，系统类型可选择为 Windows，版本为 XP 即可，如图 3-5 所示，完成后单击下一步。

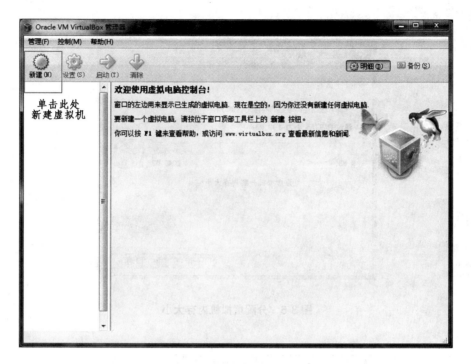

图 3-4　VirtualBox 管理器界面

图 3-5　虚拟机新建对话框

（3）这个对话框是为虚拟机分配内存大小，可以根据个人计算机的情况而定，确定后单击下一步按钮，如图 3-6 所示。

（4）当分配内存结束后，系统要求建立虚拟硬盘和虚拟硬盘的格式，这里选择的是立即创建虚拟硬盘且格式为 VDI，如图 3-7 所示。

图3-6　分配虚拟机内存大小

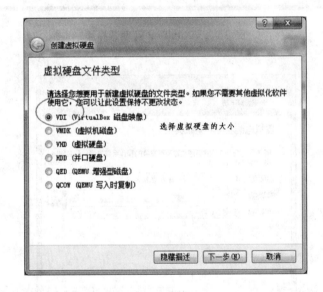

图3-7　虚拟硬盘文件类型设置界面

（5）在这个对话框中最好选择固定分配硬盘的大小，这样可以保证虚拟机的性能最佳，如图3-8所示。

（6）在这个对话框中，可根据用户需要修改虚拟计算机在本机中存放的位置和虚拟硬盘的大小，如图3-9所示。

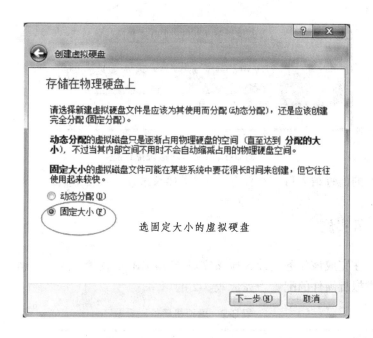

图 3-8　虚拟硬盘分配设置界面

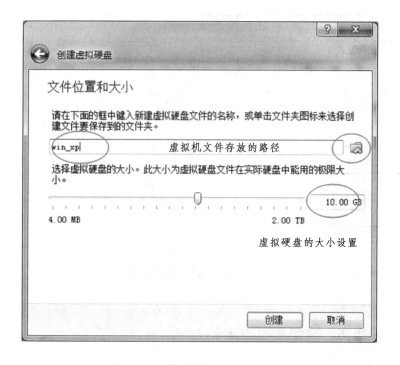

图 3-9　文件位置与大小设置界面

（7）接下来会创建虚拟硬盘（见图 3-10），完成后虚拟计算机的硬件配置就基本成功了。

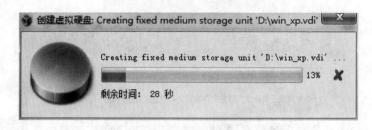

图 3-10　创建虚拟硬盘过程

虚拟机硬件的配置结束后，在任务 12 将讲述系统软件的安装。

11.2　任务实施

任务描述：在完成该任务之前，应该完成 VirtualBox 软件的安装。请参考本节任务的讲述，自行完成虚拟机硬件的配置。完成表 3-2 的填写。

表 3-2　虚拟机硬件配置单

编号	虚拟计算机配置项目	配置项目的描述	备注

任务 12　虚拟机 XP 操作系统的安装

12.1　虚拟机 XP 操作系统的安装

在这一节任务中主要讲述虚拟机操作系统的安装，安装方法可以采用任务 7 中采用的 Ghost 方法来进行安装，也可以采用其他的安装方法。安装的系统可以是 WindowsXP，也可以是 Linux，还可以是 Android 等，这可根据用户的需求进行安装。下面就讲述如何从光盘安装操作系统的方法。

如果通过光盘进行操作系统的安装需要准备一个 iso 的安装文件，且安装系统前需要格式化虚拟硬盘。具体步骤如下：

（1）启动虚拟机。双击新建好的虚拟计算机名字，在弹出的对话框中选择"设备"→"分配光驱"→"选择一个虚拟光盘"命令，如图 3-11 所示。

图 3-11　启动虚拟机主界面

（2）在弹出的对话框中选择系统安装文件的路径，如图 3-12 所示。单击"打开"按钮，弹出加载 Windows 安装程序，如图 3-13 所示。

图 3-12　选择系统安装文件对话框

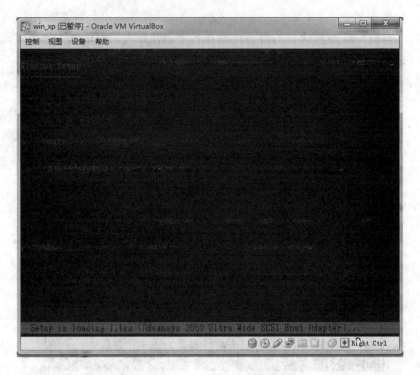

图 3-13　加载 Windows 安装程序

（3）等待程序加载完成，系统自动进入下一步，如图 3-14 所示，用户可根据自己的需要选择选项即可。

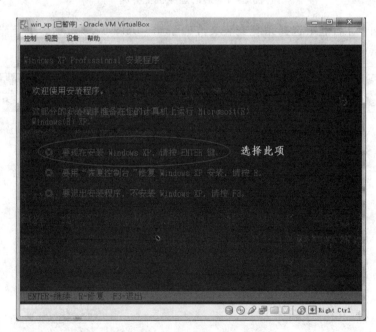

图 3-14　选择安装方式界面

（4）等到程序出现如图 3-15 所示界面时，按下键盘上面的 F8 按钮即可。

图 3-15　安装许可协议界面

（5）如果用户没有对安装盘进行分区格式化，那么就需要选择键盘上的字母 C 进行分区，如图 3-16 所示。

图 3-16　选择创建磁盘分区

（6）执行完上面的步骤后，用户需确定分区磁盘的大小，一般来说选择默认大小即可，如图 3-17 所示。

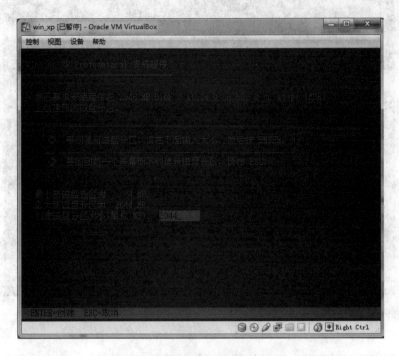

图 3-17　确定分区磁盘大小

（7）选择需要分区的盘符和大小后，进行磁盘的格式化，用户需按下键盘上的 Enter 键，如图 3-18、图 3-19 所示。

图 3-18　选择在新分区上安装系统

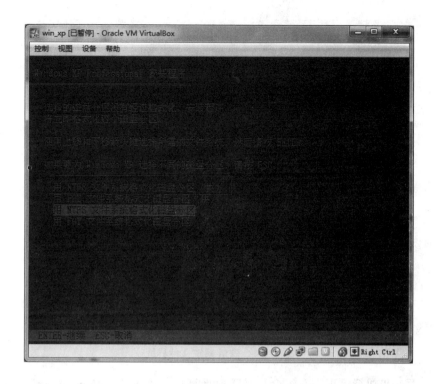

图 3-19　选择所需的文件系统格式化磁盘分区

（8）安装程序进行格式化磁盘时会出现如图 3-20 所示的对话框。

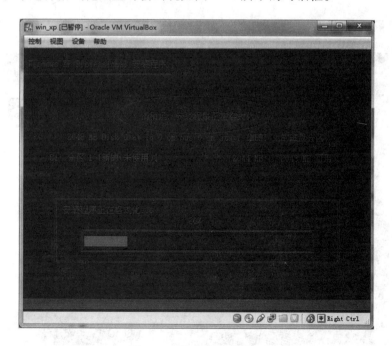

图 3-20　格式化磁盘界面

（9）当上面的步骤执行完后，安装程序就会自动复制到安装盘上，如图 3-21 所示。

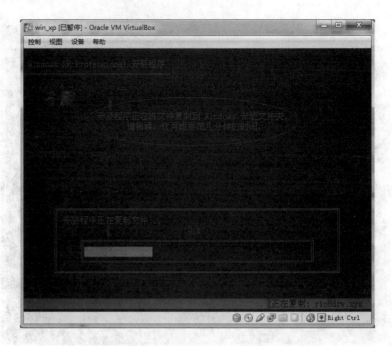

图 3-21　安装系统文件界面

（10）上面一步执行完后，系统会自动重启计算机，进入"安装 windows"系统这一任务中，在这一任务中安装程序会弹出一些对话框，让用户选择，如图 3-22 所示，就是对区域和语言的选择。

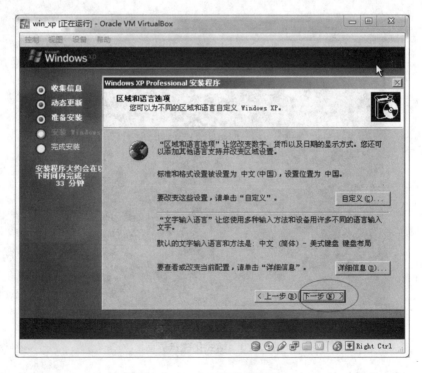

图 3-22　语言选择对话框

（11）弹出如图 3-23 对话框时，用户只需输入自己自定义的姓名和单位即可。

图 3-23　自定义姓名与单位对话框

（12）在下面的对话框中输入 Windows 产品的密匙即可，如图 3-24 所示。

图 3-24　输入产品密钥对话框

（13）接下来安装程序会自动生成一个计算机名字，用户可以不用填写系统管理员密码，如图 3-25 所示。

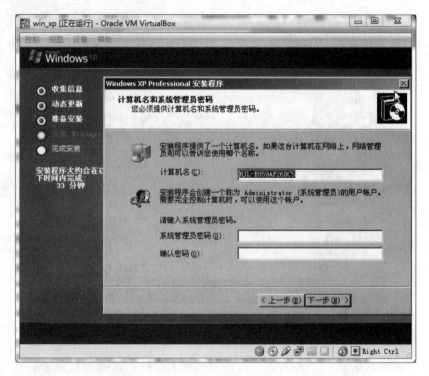

图 3-25　计算机和系统管理员密码对话框

（14）在下面的对话框中，用户设置好日期时间后即可单击"下一步"，如图 3-26 所示。

图 3-26　设置日期与时间对话框

（15）当出现下面对话框，即网络设置对话框时，用户选择典型设置即可，如图 3-27 所示。

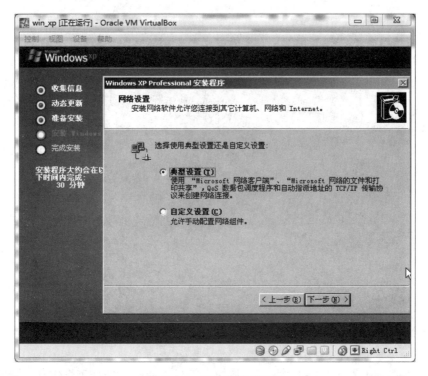

图 3-27　网络设置对话框

（16）在如图 3-28 对话框中，用户默认选择即可。

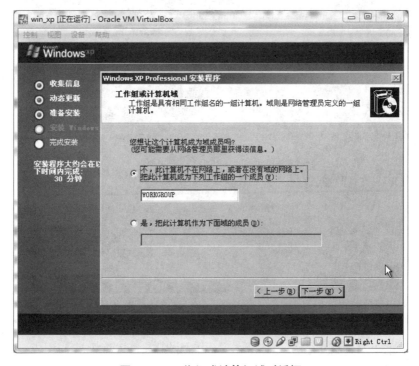

图 3-28　工作组或计算机域对话框

（17）在这一步，用户可根据需要选择，也可单击"下一步"，如图 3-29 所示。

图 3-29　设置计算机对话框

（18）在这一步用户最好选择"跳过"按钮，因为之前已经选择了自定义配置网络，如图 3-30 所示。

图 3-30　系统检查 Internet 对话框

（19）如图 3-31 对话框中，用户必须在"你的姓名："录入框中输入姓名，然后单击"下一步"。

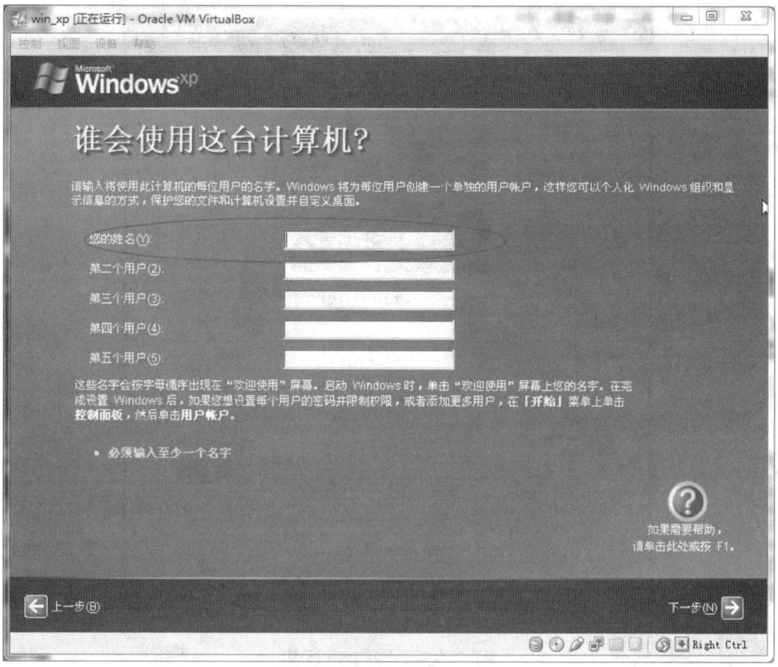

图 3-31　用户设置对话框

（20）到这里系统算是基本安装完成，但还需要进行一些配置。在图 3-32 中，我们并没有看见"我的计算机""网上邻居"等熟悉的图标，那么这时用户只需在桌面单击鼠标右键，选择"属性"命令，弹出的对话框如图 3-33 所示。在 3-33 中选择"桌面""自定义桌面"，即可弹出图 3-34 对话框，在此对话框中用户勾选上所需的桌面图标后即可显示。

图 3-32　Windows XP 桌面

图 3-33　属性对话框

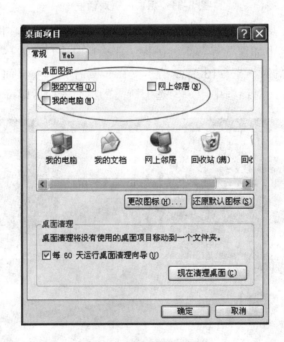

图 3-34　桌面项目对话框

（21）到上一步为止，系统基本安装完成，接下来还有一件重要事情还没做好，一般来说系统安装完成后还要查看计算机有没有什么驱动没有安装。虽然 Windows XP 有自带的驱动程序，但是还是需要根据用户的需求安装特定的驱动，那么怎么查看计算机驱动安装情况呢？只需在"我的计算机"图标上单击鼠标右键，选择属性，在弹出的对话框中选择"硬件"选项卡，选择"设备管理器"按钮，如图 3-35 所示。

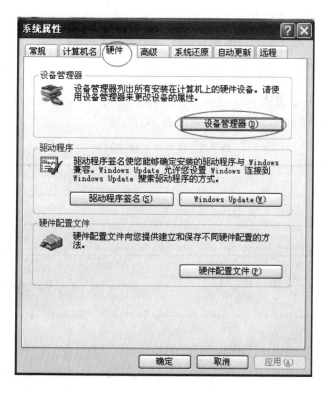

图 3-35　系统属性对话框

（22）在弹出的"设备管理器"对话框中（见图 3-36），用户看见有问号标记的表明驱动有问题，如果是叹号标记表明没有驱动，这时用户需要对这两种情况单独处理。那么这时用户双击相应的选项即可更新或重新安装驱动。

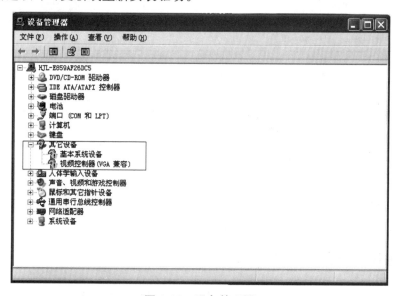

图 3-36　设备管理器

到这里操作系统的安装基本完成了，一般虚拟机中需要用的软件都是来自外部主机，那么如何实现虚拟机与外部主机共享文件呢？在下一节中将进一步介绍。

12.2　任务实施

任务描述：认真仔细阅读 12.1 这一节的内容，完成虚拟机系统的安装。可以根据自己的需要选择安装 Linux，Android 等系统，完成表 3-3 的填写。

表 3-3　虚拟机系统安装表

编号	步骤描述	备注

任务 13　虚拟机与网络主机的通信设置与实现

13.1　虚拟机与外部主机共享文件

该功能的实现需要安装 VirtualBox 的增强功能。安装步骤如下。

（1）在虚拟机中单击"设备"→"安装增强功能…"命令，系统弹出如图 3-37 所示对话框，这时单击"next"按钮即可。

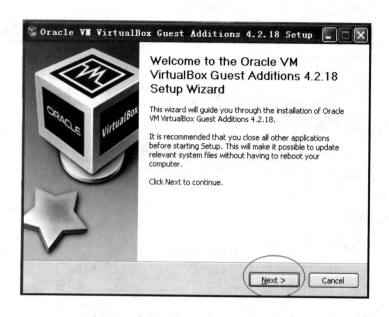

图 3-37　VirtualBox 增强功能安装向导

（2）在选择增强功能安装路径时只需要默认即可单击"next"按钮，如图 3-38 所示。

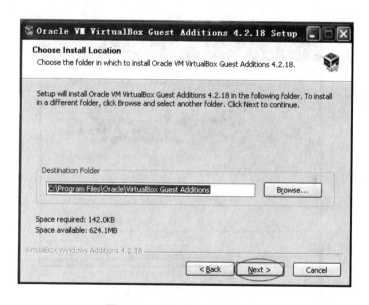

图 3-38　安装路径配置对话框

（3）在弹出的组件安装对话框中可以选择默认安装，如图 3-39 所示。

（4）如果出现如图 3-40 所示的安装提示，用户只需选择"仍然继续"按钮。等待安装完成，重启虚拟机即可。

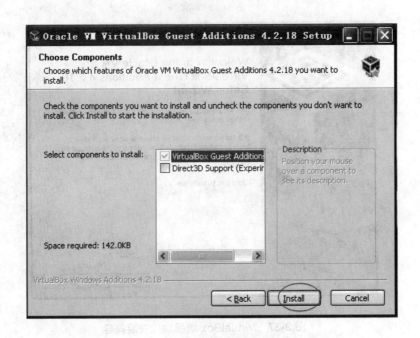

图 3-39　组件安装对话框

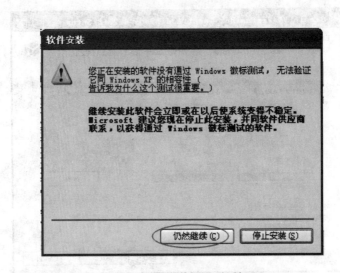

图 3-40　安装提示对话框

此时，增强功能已经安装完成。下面设置与外部主机文件的共享，步骤如下：

（1）选择虚拟机"设置"命令，在弹出的对话框中选择"共享文件夹"选项，再单击右边带加号的图标，如图 3-41 所示。

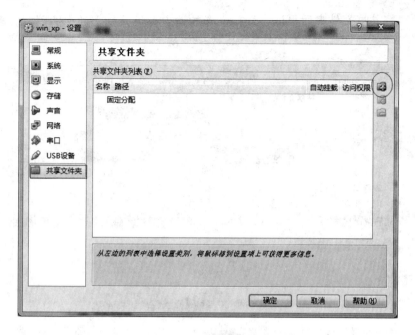

图 3-41　设置对话框

（2）在弹出的添加共享文件夹对话框中选择共享文件夹路径为"其他…"，如图 3-42 所示。这时用户可以根据自己的需求选择事先建立的文件夹或磁盘即可，此处选择的是 D 盘，结果如图 3-43 所示。

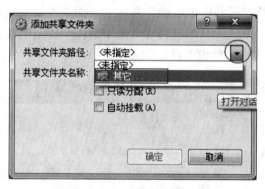

图 3-42　添加共享文件夹对话框

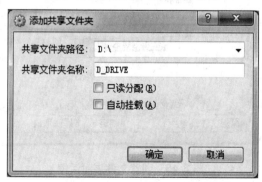

图 3-43　确认共享文件夹路径

（3）设置完共享文件夹后可以在最初设置的地方看见共享文件夹的固定分配情况，如图3-44 所示。

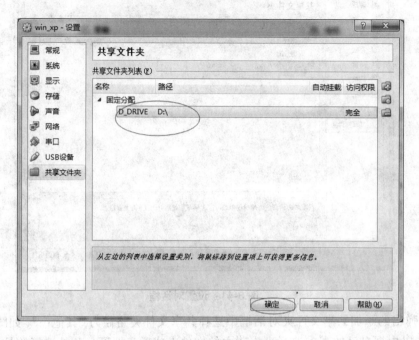

图 3-44　设置对话框

（4）重新启动虚拟机，回到虚拟机操作系统的桌面，在"我的计算机"上单击鼠标右键选择"映射网络驱动器"命令，在弹出的对话框中选择"浏览"按钮。在浏览文件夹对话框中选择路径，如图 3-45 所示。单击"确定"按钮。

图 3-45　浏览文件夹对话框

（5）上面设置成功后，打开虚拟机操作系统的"我的计算机"，这时在网络驱动器栏目中会发现多了一个驱动设备，如图3-46所示。这个驱动设备就是刚才建立的和主机通信的共享文件夹或磁盘。

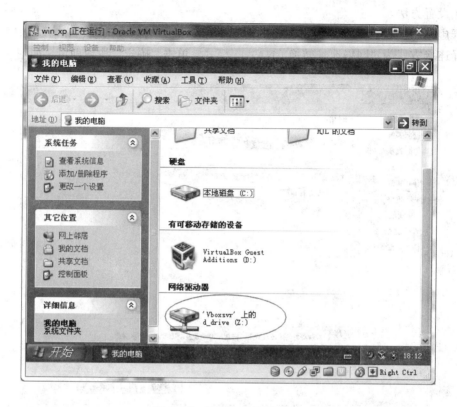

图3-46　新增加的驱动设备

到这一步为止，实现了虚拟机和主机共享文件夹的设置，接下来讲解虚拟机与Internet的访问设置。

13.2　虚拟机访问 Internet 网络

VirtualBox 网络访问模式共有四种：NAT 网络地址转换模式（NAT，Network Address Translation）、Bridged Adapter 桥接模式、Internal 内部网络模式以及 Host-only Adapter 主机模式。其中 Internal 内部网络模式只是提供虚拟机内部网络的访问而不能访问 Internet 网络，下面就主要讲解其余三种模式。

1. NAT 网络地址转换模式

NAT 模式在实现虚拟机上网的方式中是最简单的，其特点为虚拟主机访问网络的所有数据都由主机提供，但虚拟主机并不真实存在于网络中，且主机与网络中的任何机器都无法查看和访问虚拟主机。

（1）虚拟机与主机的关系。

只能单向访问，虚拟机可以通过网络访问到主机，主机无法通过网络访问到虚拟机。

（2）虚拟机与网络中其他主机的关系。

只能单向访问，虚拟机可以访问到网络中其他主机，其他主机不能通过网络访问到虚拟机。

（3）设置方法。

打开虚拟机"设置"命令，在弹出的对话框中选择"网络"选项，在右边的网络设置窗口中选择连接方式为"网络地址转换（NAT）"模式，单击"确定"按钮即可，如图 3-47 所示。

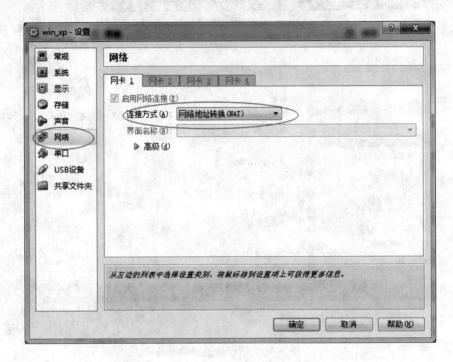

图 3-47　设置 NAT 模式

通过这样设置后，重启虚拟机系统，双击 IE 浏览器即可上网，如图 3-48 所示。

图 3-48　访问 internet

2. Bridged Adapter 桥接模式

桥接模式，是利用主机的网卡架设一条直接连入到网络中的桥。其特点为：虚拟机能被分配到网络中独立的 IP 地址，且主机与虚拟机处于同一网络段中，所有网络功能完全和主机一样。

（1）虚拟机与主机的关系。

可以相互访问，因为虚拟机在真实网络段中有独立 IP。

（2）虚拟机于网络中其他主机的关系。

可以相互访问，因为虚拟机在真实网络段中有独立 IP，因此可以通过各自 IP 相互访问。

（3）设置方法如下。

打开虚拟机"设置"命令，在弹出的对话框中选择"网络"选项，在右边的网络设置窗口中选择连接方式为"桥接网卡"模式，单击"确定"按钮即可，如图 3-49 所示。

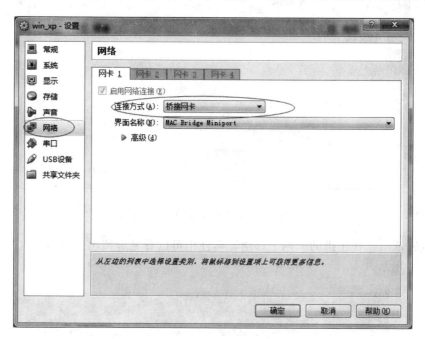

3-49　设置 Bridged Adapter 模式

通过这样设置后，重启虚拟机系统，双击 IE 浏览器即可上网，如图 3-48 所示。

3. Host-only Adapter 主机模式

主机模式是一种比较复杂的模式。其特点为主机模拟出一张专供虚拟机使用的网卡，虚拟机可以通过设置这张网卡来实现上网的功能，虚拟机是独立的主机。

（1）虚拟机与主机的关系。

默认不能相互访问，双方不属于同一 IP 段，但可以通过设置使虚拟机与主机在同一个网段从而实现虚拟机与主机的相互访问。

（2）虚拟机与网络主机的关系。

默认不能上网，但可以通过 IP 地址的设置实现网络的访问。

（3）设置方法。

① 打开虚拟机"设置"命令，在弹出的对话框中选择"网络"选项，在右边的网络设置窗口中选择连接方式为"仅主机（Host-Only）适配器"模式，单击"确定"按钮即可，如图 3-50 所示。

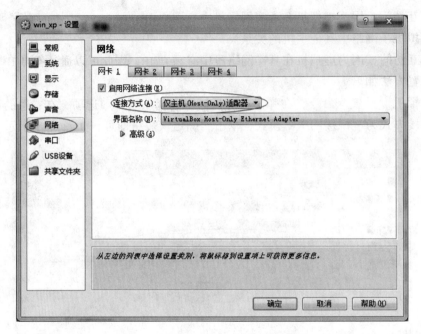

图 3-50　设置 Host-only Adapter 模式

② 设置完成后，在主机的"网上邻居"属性中可以看见虚拟出来共虚拟机上网所用的网卡，如图 3-51 所示。

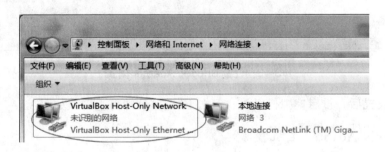

图 3-51　虚拟网卡

③ 现在重新启动虚拟机系统，用鼠标右键单击"网上邻居"，选择"属性"，在本地连接图标上单击鼠标右键选择"属性"，在弹出的对话框中选择"Internet 协议"选项后单击"属性"按钮，如图 3-52 所示。

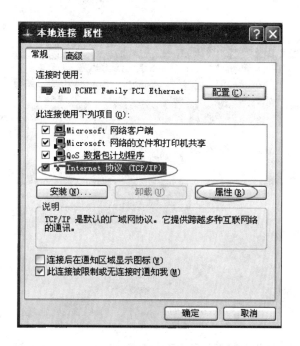

图 3-52　本地连接属性对话框

④ 在弹出的 Internet 协议属性对话框中设置虚拟机的 IP 地址，注意 IP 地址的网段一定要和主机一致，如图 3-53 所示。

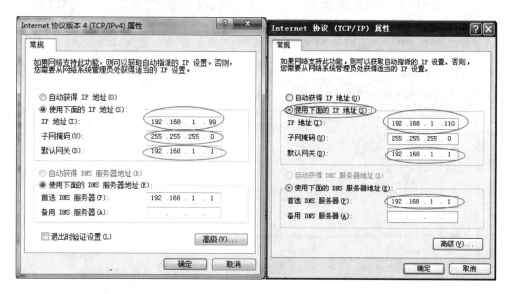

图 3-53　虚拟机 IP 地址设置（a）主机 IP 地址（b）虚拟机 IP 地址

⑤ 上面设置完成后，虚拟机还不能上网，因为在图 3-51 中虚拟出来的网卡还没进行拨号，那么怎样进行拨号呢？这时用户需要回到主机的网络连接设置窗口中同时选中虚拟网卡和本地连接，单击鼠标右键选择"添加到桥"命令，如图 3-54 所示。

⑥ 第⑤步完成后，在该窗口中会出现一个网桥图标，如图 3-55 所示。用户只需在网桥图标上单击右键进行连接即可。

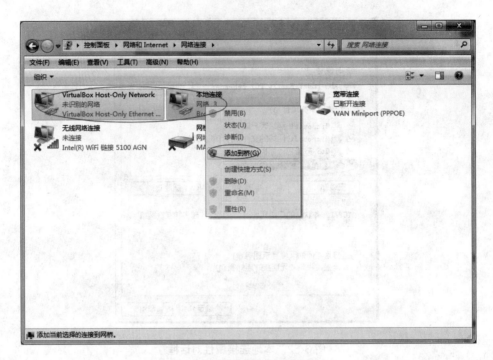

图 3-54　网络连接中设置网桥

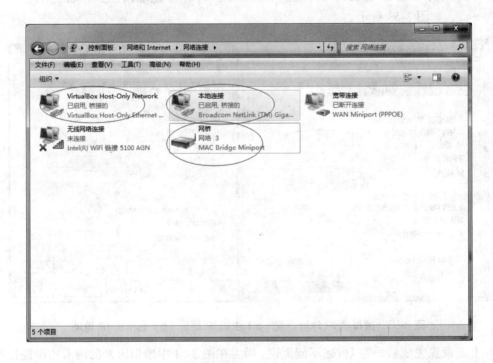

图 3-55　网桥

⑦ 到此，虚拟机用主机模式上网的设置已完成，打开虚拟机的 IE 浏览器输入网址就可以实现上网。

13.3　任务实施

任务描述：认真阅读 13.1、13.2 所讲内容，完成虚拟机与主机的文件共享、虚拟机访问网络的三种方式的设置。完成表 3-4 的填写。

表 3-4　文件共享与虚拟机访问网络配置单

编号	步骤描述	备注

第4章 小型局域网的组建

局域网（Local Area Network，LAN）是指在某一区域内由多台计算机互联成的计算机组。其主要特点是：

（1）覆盖的地理范围较小，只在一个相对独立的局部范围互联，如一座大厦或集中的建筑群内。

（2）使用专门铺设的传输介质进行联网，数据传输速率高（10 Mb/s ~ 10 Gb/s）。

（3）通信延迟时间短，可靠性较高。

（4）局域网可以支持多种传输介质。

常见的局域网拓扑结构如下：

1. 星形结构

这种结构的网络是将各主机以星形方式连接起来的，网中的每一个节点设备都通过连接线与中心节点相连，如果一个主机需要传输数据，必须先通过中心节点，如图 4-1 所示。由于在这种结构的网络系统中，中心节点是控制中心，任意两个节点间的通信最多只需两步，所以，能够传输速度快，并且网络结构简单、建网容易、便于控制和管理。但这种网络系统，一旦中心节点出现故障则导致全网瘫痪。

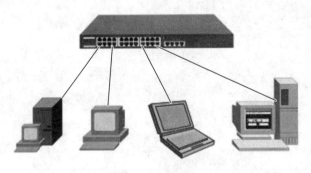

图 4-1　星形结构

2. 树形结构

树形结构又被称为分级的集中式网络。其特点是网络成本低，结构比较简单。在网络中，任意两个节点之间不产生回路，每个链路都支持双向传输，并且网络中节点扩充方便、灵活，寻查链路路径比较简单，如图 4-2 所示。

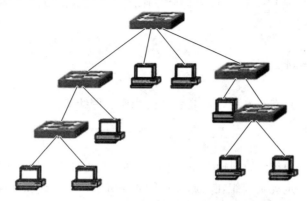

图 4-2 树形结构

3. 总线形结构

该结构是将各个节点设备和一根总线相连，如图 4-3 所示。在这种结构中，作为数据通信必经的总线，其负载能量是有限度的，这是由通信媒体本身的物理性能决定的，所以总线结构网络中工作站节点的个数也有限制。

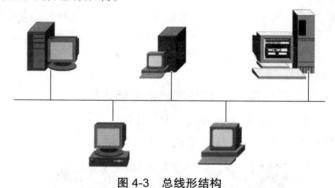

图 4-3 总线形结构

4. 环形结构

该结构中各节点通过一条首尾相连的通信链路连接起来的一个闭合环形结构网，如图 4-4 所示。在该结构中各工作站地位相等，两个工作站节点之间仅有一条通路，由于环路是封闭的，所以不便于扩充，系统响应延时长，信息传输效率相对较低。

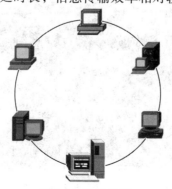

图 4-4 环形结构

任务 14　网线的制作与测试

14.1　网线的制作

网线制作需要的工具有：网线、水晶头、网线钳、网线测试仪。

1. 工具介绍

常见的网线主要有双绞线、同轴电缆、光缆三种。5 类双绞线是由不同颜色的 4 对 8 芯线组成，其中每两条按一定规则绞织在一起，如图 4-5 所示，双绞线和 RJ45 水晶头相连作为数据传输线使用。

图 4-5　5 类双绞线和 RJ45 水晶头

网线钳是用来压接网线和水晶头的常用工具，如图 4-6 所示。不好的网线钳在使用时因为受力不均，会使铜片不能划开线皮，从而造成与铜芯接触不良，而影响制作效果。

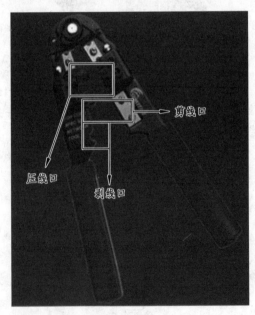

图 4-6　网线钳

网线测试仪可以对双绞线 1，2，3，4，5，6，7，8，G 线逐根（对）测试，并可区分判定哪一根（对）错线，短路和开路。如图 4-7 所示。

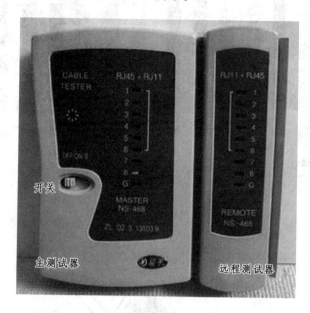

图 4-7　网线测试仪

网线测试仪在使用时需要先打开电源至 ON（S 为慢速测试挡），将网线插头分别插入主测试器和远程测试器端口。若主机指示灯从 1 至 G 逐个顺序闪亮，远程测试器的灯也是按照 1 至 G 逐个顺序闪亮，则表示网线制作成功。若接线有误，可分为下述几种情况：

（1）当有一根网线如 3 号线断路，则主测试仪和远程测试端 3 号灯饰都不亮。

（2）当有几条线不通，则几条线都不亮，当网线少于 2 根线联通时，灯都不亮。

（3）当两头网线乱序，例如 2，4 线乱序，则显示如下：

主测试器（不变）：1→2→3→4→5→6→7→8→G；

远程测试端：1→4→3→2→5→6→7→8→G。

（4）当网线有 2 根短路时，则主测试器显示不变，而远程测试端显示短路的两根线灯都微亮，若有 3 根以上（含 3 根）短路时，则所有短路的几条线号的灯都不亮。

2．网线排序与制作

当使用网线钳的剥皮功能剥掉网线的外皮，可以看见彩色与白色互相缠绕的八根金属线（见图 4-5），橙、绿、蓝、棕四个色系，和与他们相互缠绕的白橙、白绿、白蓝、白棕。按照国际标准网线的线序排列有两种，分别是 T568A 和 T568B，如图 4-8 所示。

那么排好线序后，怎么插入到水晶头里面呢？水晶头有没有正反面呢？如图 4-9，按照金属片朝上的方向，从左到右依次排序。

接下来用网线钳剪齐排好序的网线头，再把网线插入水晶头，注意网线的编号与水晶头的编号需要一一对应。T568B 的接入如图 4-10 所示。

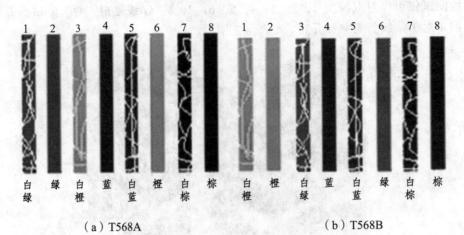

（a）T568A   （b）T568B

图 4-8   两种国际标准网线线序

图 4-9   水晶头正确放置方法

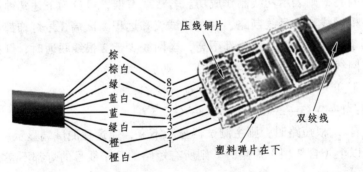

图 4-10   水晶头与线序的对应关系

按照上面的方法把网线的另一端也制作完成，网线制作好好后，就可以用网线测试仪进行测试，观察是否制作成功。

网线另一端的做法有两种分别是：T568A 和 T568B，所以网线又分为直通和交叉网线。对于直通网线，需要两头都是同一个标准；对于交叉网线，两头的标准设置为不同即可。

14.2   任务实施

任务描述：阅读上面的内容，自己动手制作一根网线，网线的制作标准可以任选，默认使用 T568B。完成表 4-1。

表 4-1　制作网线任务单

编号	步骤描述	备注

任务 15　IP 地址的组成与查询

15.1　IP 地址

　　IP 地址是设备的逻辑地址，是全网唯一逻辑标识，具有分级地址结构（多维地址空间），由软件设定，具有很大的灵活性。目前 IP 协议的版本号是 4（简称为 IPv4），它的下一个版本就是 IPv6。MAC 地址是设备的物理地址，也是全网唯一物理标识，具有无级地址结构（一维地址空间），固化在硬件中，寻址能力仅限在一个物理子网中。如何同时查看计算机 IP 地址和物理地址呢？用 ipconfig 命令即可，单击"开始"→"运行"，输入 cmd 命令，打开控制台应用程序，输入"ipconfig/all"（表示显示完整配置信息），如图 4-11 所示。

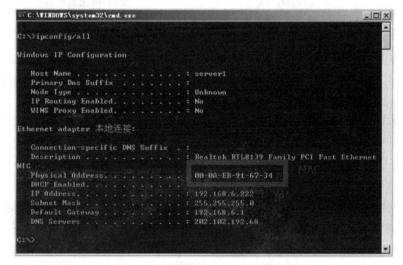

图 4-11　查看计算机 IP 地址和物理地址

IPv4 地址（本文在不做特殊说明下一律用 IP 代替 IPv4）是用长度为 32 bits（4Bytes）的二进制组成。这 4 个字节可分为网络地址（Network ID）和主机地址（Host ID），其中网络地址标识了主机所在的网络，主机地址标识了在该网络上的主机，如图 4-12 所示。

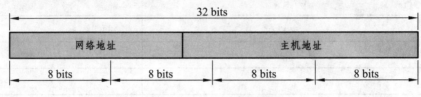

图 4-12　IP 地址的结构

IP 地址的表示是使用 4 个十进制以及中间加点构成，如图 4-11 中的 192.168.6.222 就是一个 32 bits 组成用 4 个十进制数表示的 IP 地址。

IP 地址分为：A、B、C、D、E 五种类型，如图 4-13 所示。但可分配使用的是 A、B、C 三类，D 类地址被称为组播（Multicast）地址用于视频广播或视频点播；E 类地址未使用，保留有特殊用途。

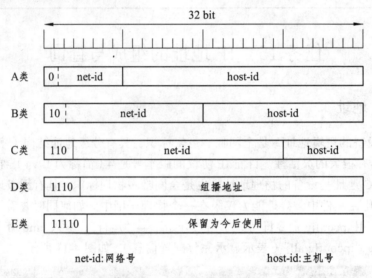

net-id:网络号　　　　　　　　　　　　host-id:主机号

图 4-13　5 类 IP 地址结构图

A 类地址的取值范围为：1.0.0.0 ～ 126.255.255.255；B 类地址的取值范围为：128.0.0.0 ～ 191.255.255.255；C 类地址的取值范围为：192.0.0.0 ～ 223.255.255.255；D 类地址的取值范围为：224.0.0.0 ～ 239.255.255.255；E 类地址的取值范围为：240.0.0.0 ～ 255.255.255.255。

主机有了不同的 IP 后，相互之间就可以通信了。怎么才能区分通信主机是否在不同的网络中呢？这时就需要借助子网掩码技术。子网掩码作用就是将某个 IP 地址划分成网络地址和主机地址两部分。子网掩码的设定必须遵循一定的规则，即子网掩码的长度为 32 位，左边是网络位，用二进制数字"1"表示；右边是主机位，用二进制数字"0"表示。用子网掩码如何确定哪些是网络号、哪些是主机号呢？例如判断 IP 地址为 192.168.1.1 的网络号与主机号，如果该子网掩码为 255.255.255.0，那么只需要用该 IP 地址与子网掩码进行二进制对照。其中"1"有 24 个代表与此相对应的 IP 地址左边 24 位是网络号；"0"有 8 个，代表与此相对应的 IP 地址右边 8 位是主机号。有时子网掩码也用简写形式，在 IP 地址后面加上"/n"，"n"为子网掩码中"1"的位数，如 192.168.0.1/24。

15.2 任务实施

任务描述：运行 ipconfig 命令或者通过网上邻居属性查看本机的 IP 地址，完成表 4-2 的填写。

表 4-2 查询本机的 IP 地址

编号	查询项名称	查询项的值	备注

任务 16 小型局域网的建立与资源共享

16.1 寝室局域网的组建

如今大学寝室上网已很普遍了，但是如果给每个人分配一个账号，那么对于学生来说无疑会增加经济负担，同时也会造成网络资源的浪费。如何让全寝室的同学共享一个账号，下面将对这一问题进行讲解。要组建一个小型局域网首先需要准备些必要设备：路由器（无线与有线）、网线（有线需要）、交换机（人数多需要）、个人计算机。

路由器一般有 5 个接口，可供 4 台带有线接口计算机相连。路由器品牌有很多例，如：Tenda，Fast，TPLink 等。可以根据经济实力选择不同价位的路由器，一般在 100 元左右，如图 4-14（a）所示。如果寝室人数超过 3 人，那么就需要考虑购置一台交换机，如图 4-14（b）所示。

（a）TP-LINK TL-WR885N　450M 路由器

（b）TP-LINK TL-SF1016D 16 口交换机

（c）思科（Cisco）SF90D-08 8 口交换机

图 4-14　路由器与交换机

　　如果计算机没有无线网卡，那么也可以添置一款带 USB 接口迷你的无线网卡，这样整个寝室就不需要布线，看上去也很整洁，而且也省了交换机。下面讲解路由器的设置。

　　（1）把电信接入的总线接入路由器的 WAN 接口，自己计算机的网线一端接入路由器任意一 LAN 接口，另一端接入自己计算机 RJ45 接口。

　　（2）在自己计算机上打开 IE 浏览器，在地址栏输入路由器的地址 192.168.1.1 或 192.168.0.1，这个地址是路由器出厂就分配好的，根据路由器的不同而不同，如图 4-15 所示。页面会自动弹出登录对话框，一般默认的用户名和密码均是 admin，确定后进入设置页面。

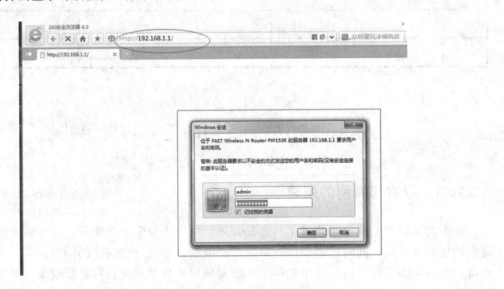

图 4-15　路由器登录界面

　　（3）进入设置页面后，如果是第一次登录，那么出现的页面是"设置向导"页面，用户只需要单击右边"下一步"按钮跟着向导走下去即可，如图 4-16 所示。

图 4-16　设置向导页面

（4）如果设置向导成功完成后，路由器就会自动帮助这台计算机连接到因特网。

接下来进行其他计算机 IP 地址的分配。假设该寝室共有 4 台计算机，那么这四台计算机的连接方式可以如图 4-17 所示。

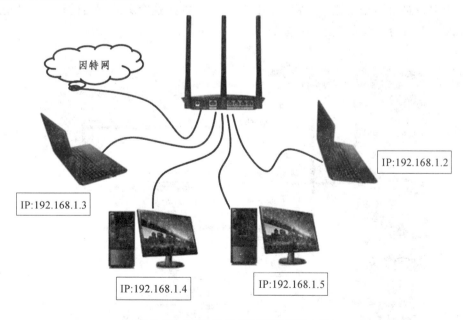

图 4-17　四台计算机有线访问路由器

现在大多数笔记本和手机都支持无线上网的功能，如果路由器带无线功能，那么如何设置呢？

（1）首先进入路由器的设置页面，找到"无线设置"的"基本设置"选项，设置 SSID 号，这个号码就是无线信号被搜索时显示名字，可以自由更改，注意勾选上开启无线功能和广播选项，如图 4-18 所示。

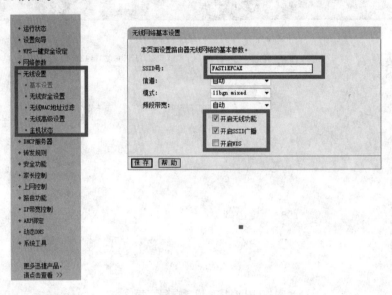

图 4-18　无线网络基本设置页面

（2）无线网络的安全设置有两种常用方法，一种是通过密钥的安全认证，一种是通过无线网卡 MAC 地址的过滤。密钥认证适合容纳的计算机数量多、网络负载比较大的无线网络，只要在无线宽带路由器端设置一次密钥，以后在每台加入这个无线网络的计算机上输入密钥就可以加入。下面为无线安全密码设置，如图 4-19 所示。

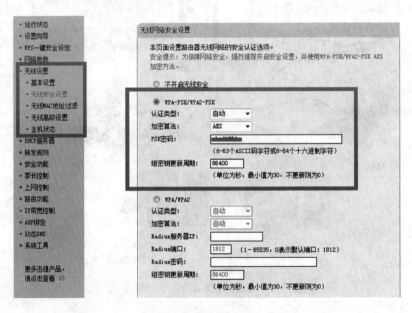

图 4-19　无线网络安全设置页面

上面步骤结束后就可以使用无线方式连接因特网。

16.2 任务实施

任务描述：利用路由器实现至少 2 台计算机同一账号上网。如路由器带无线功能还需实现路由器的无线上网。完成表 4-3 填写。

表 4-3 多台计算机通过路由器上网设置

编号	每台计算机的 IP 地址	每台计算机的子网掩码	备注

第 5 章　故障排查与解决

【教学内容及目标】
（1）了解计算机软件与硬件的故障。
（2）掌握计算机软件与硬件故障的解决方法。

任务 17　常见计算机故障与解决方法

17.1　主板插槽故障

1. 案例一

一台正常工作的计算机，当用户从另一台计算机上拔下一块网卡插到这台机器上时，开机黑屏，而再将此网卡插回原来的机器又是正常的。

1）原因分析

原因有以下几方面：

（1）此计算机主板上用于安装网卡的扩展槽有问题，如制作工艺上有瑕疵，或某个接针所连接的电路损坏。当插上板卡时引起信号短路而黑屏；

（2）与系统中其他某个资源严重冲突或与本系统不兼容而引起黑屏；

（3）BIOS 中存储设备信息的存储块被禁写或有故障。

2）解决方案

首先将 BIOS 的禁写开关设为断开，如果故障消失，则说明是设置问题，重启后关机，并将禁写开关再回复原位即可。否则，可将此网卡换个插槽试一试，如果故障依旧，可换个其他网卡再试，如果故障仍然存在，则主板扩展槽有问题，需更换主板。否则，可能是主板与网卡不兼容。

2. 案例二

一台计算机开机黑屏，但更换过几块主板都仍然如此。

1）原因分析

出现这样的现象，可能的原因有：

（1）可能未按案例一的流程进行检查；

（2）电源的 PowerGood 信号不正常，或电源到主板的插头松动，造成接触不良引起；

（3）连接主机前面板的开关线短路造成；

（4）内存条未按要求插在 DIMM 槽中。在有些主板上，要求内存槽在未插满的情况下，必须从 DIMM 1 开始，否则就不能启动；

（5）连接在主板上的外设，如硬盘等有故障。

（6）主板的设置不正确，如 CPU 的频率或电压设置等（这在更换主板时，容易出现）；

2）解决方案

如果前几次都未按案例一的流程进行判断与检查，请用此流程重新检查。如果仍然如此，可按下述内容进行检查：

（1）注意主板上跳线的设置；

（2）注意内存条的安装顺序；

（3）将连接面板的开关线全部拔除；

（4）拔去连接的外设电缆；

17.2 CPU 故障案例

1. 案例一

计算机在开机运行一段时间后，会发生死机现象。

1）原因分析

开机自检及 BIOS 中所显示的 CPU 温度，在 75 ℃左右，一般 CPU 温度超过 70 ℃就已经很高了，温度如此高当然很容易造成死机。造成温度过高的原因可能是 CPU 超频、风扇运行不正常、散热片安装不好或 CPU 底座的散热硅脂涂抹不均匀等。

2）解决方案

建议拆开机箱，查看风扇的转动是否正常，若不正常最好换一个性能较好的风扇；再检查散热片是否安装稳固，与 CPU 接触是否紧密；还要检查 CPU 表面是否抹了散热硅脂，或涂抹是否均匀。最后，如果对 CPU 进行了超频，最好将频率降下来，或做好 CPU 的散热工作，否则 CPU 会被烧毁。

2. 案例二

计算机有时运行得很正常，但有时会突然自动关机或重新启动。

1）案例分析

计算机自动关机或重启系统的原因很多，如 CPU 温度过高、电源出现故障、主板的温度过高而启用自动防护功能或病毒等。

2）解决方案

如果突然关机现象一直发生，要先确认 CPU 的散热是否正常，打开机箱查看风扇叶片是否运转正常，再进入 BIOS 中查看风扇的转速和 CPU 的工作温度。如果风扇有问题，就要对风扇进行维护，如对扇叶除尘、向轴承中添加润滑油等。另外，如果对 CPU 进行了超频，最好恢复原来的频率，或更换大功率的风扇。

大多数主板都具有对 CPU 温度监控的功能，一旦 CPU 温度超过了在主板 BIOS 中所设置设定的温度，主板就会自动切断电源，以保护相关硬件。

如果风扇、CPU 等硬件都没有问题，可以使用替换法来检查电源是否老化或损坏，如果电源损坏，就一定要换个新电源，切记不可继续使用，以免烧毁其他硬件。

如果所有的硬件都没有问题，就要从软件入手，检查系统是否有问题，并使用杀毒软件查杀病毒，解决因病毒而引起的故障。

3. 案例三

1）案例分析

如今 CPU 的频率越来越高，发热量也越来越大，尤其是夏天，天气炎热，温度更高，所以很担心 CPU 温度过高使计算机运行不稳定，或 CPU 被烧毁，请问用什么办法可以使 CPU 温度降下来？

2）解决方案

首先，一定要选用高质量散热风扇。如果是 AMD 公司早期出产的 CPU，由于发热量更大，最好选择通过 AMD 认证的专用风扇；而最新出产的 CPU，不论是 AMD 还是 Intel，只要不超频，使用原装风扇就够了。

其次，要注意对 CPU 温度的监控。计算机新安装好首次启动时，应立即进入 BIOS 查看 CPU 的温度和风扇转速等参数，同时开启 CPU 温度过高报警、过高自动关机等功能，风扇停转自动关机、休眠时 CPU 风扇不停转、CPU 功耗设置为 0%等，尽量减少 CPU 的发热量并保证风扇的良好散热。

另外，一定要注意机箱内的散热降温。整理一下机箱内杂乱的连线，这样既能防止 CPU 风扇扇叶被意外卡住，也可以更好地保障空气流通。在机箱内电源下方加装一个风扇，可以大大提高机箱内的散热效果。良好的散热不仅可以有效地保护 CPU，对机箱内的其他配件也具有很好的帮助。

最后，建议尽量不要对 CPU 超频，因为如今主流 CPU 频率已经很高，没必要再超频，而且高频率 CPU 发热量本身就很大，超频更会加大 CPU 的发热量，尤其是有时超频还需要增加电压，这就更会提高发热量，一旦散热不好，就很容易造成系统运行不稳定甚至烧毁 CPU。所以，若非要超频，一定要注意 CPU 的良好散热。

17.3　显示不正常故障

1. 案例一

计算机开机后，屏幕显示偏红。

1）案例分析

这个问题属于显示偏色。其原因可能有：

（1）在接插显示器电缆时，由于操作不当，将显示器与显示卡连接的插头中的某个插针插弯，并与插头外壳金属相碰，造成短路；

（2）显示器本身的视放电路有故障；

（3）显示卡连接插座故障。

2）解决方案

拔下显示器与显示卡相连接的插头，察看有无插弯的现象。如果有，将插弯的插针弄直，并与其他插针排齐。如果插头无损坏，可先换一台显示器试一试，如果故障依旧，则应更换显示卡。

2. 案例二

计算机开机时，显示器屏幕抖动，十几秒钟后显示正常。

1）案例分析

对于尺寸较大的显示器（15寸以上），出现这种故障一般是显示器的消磁电路的影响，可以不算作故障，但抖动时间太长，如二十几秒，则应是显示器磁化或有故障；对于小尺寸的显示器来说，由于消磁很快，所以有可能是显示器有故障，各别情况下，也有显示卡故障造成。

2）解决方案

对于尺寸较大的显示器（15寸以上），如果抖动时间过长，应更换一台显示器；对于小尺寸的显示器来说，也可先换一台显示器试一试，如果故障消失，则是显示器有问题，否则，应检查显示卡。

3. 案例三

在高分辨率下显示花屏。

1）案例分析：在前面介绍过，由于显存容量不够、刷新频率太高或分辨率太高都会使显示出现花屏的现象。有时由于显存有故障，会使出故障的显示内存之后的部分不能访问，而导致显存变小，这时在高分辨率下，就会花屏。有时显示卡的其他地方有故障，也会造成此现象，如：显示卡送出的同步信号不正确等。

2）解决方案

首先，检查显示设置是否正确，如刷新率、颜色数等。对照显卡或显示器的说明书，查看当前的设置是否超出了显卡或显示器的规格要求，或重新更新一下显示驱动程序试试。如果这些处理都不能解决，可更换一台显示器。

4. 案例四

有一天计算机突然开机后各指示灯亮，显示器却不显示。

1）案例分析

计算机开机无显示，需先检查各硬件设备的数据线及电源线是否均已连接好，尤其是显示器和显卡等。如果这些设备损坏、未连接好或各插槽损坏等，就会导致没有响应，且容易造成开机时无法显示。如果这些设备本身及连线都没有问题，那么可以从以下 3 个方面来查找原因。

2）解决方案

（1）首先检查主板BIOS。主板的BIOS中储存着重要的硬件数据，同时它也是主板中比较脆弱的部分，极易受到破坏，一旦受损就会导致系统无法运行。出现此类故障原因一般是因为主板本身故障，或BIOS被CIH病毒破坏造成的。一般BIOS被病毒破坏后硬盘里的数据将全部丢失，可以将硬盘挂接在其他计算机上来检测数据是否完好，以此来判断BIOS是否被破坏。

可靠的方法是找专业维修人员解决。

（2）CPU 频率在 CMOS 中设置不正确或 CPU 被超频，也容易引发开机无显示的故障。这种情况，如果不能进入 BIOS，可以通过清除 CMOS 的方法来解决，如清除 CMOS 跳线或为 CMOS 放电等。清除 CMOS 的跳线一般在主板的锂电池附近，其默认位置一般为跳线帽 1、2 短路，只要将其改为跳线帽 2、3 短路几秒钟即可解决问题。如果用户找不到该跳线，也可将电池取下，然后按下电源按钮开机，当进入 CMOS 设置以后关机，再将电池安上去也能达到 CMOS 放电的目的。

（3）主板无法识别内存、内存损坏或者内存不匹配也会导致开机无显示。有的用户为了升级，便扩充内存以提高系统性能，结果混插使用了不同品牌、不同类型的内存，导致内存冲突或不兼容，就容易导致开机时无法显示。另外，有些主板无法识别新插上的内存，或在 BIOS 中将内存的工作频率设置不正确，都容易导致计算机无法启动而黑屏。

如果无法明确到底是哪个配件出现问题，可以使用替换法逐一判断，将各配件从主板上拔下，然后换插其他计算机上可以正常运行的设备，如果换了配件以后计算机可以正常运行，则说明该设备有故障，需要进行修理。

5. 案例五

开机后主机面板指示灯亮，机内风扇正常旋转，能听到硬盘转动声、自检内存发出的"喀塔塔…"声和 PC 喇叭的报警声，可看到启动时键盘右上角 3 个指示灯闪亮，但显示器黑屏。

1）案例分析

出现这种现象说明主机电源供电基本正常，主板的大部分电路没有故障，内存可以正常读写，BIOS 故障诊断程序开始运行，且能够通过 PC 喇叭发出报警信号。所以，故障的根源在于显示器、显示卡、主板和电源等硬件。

2）解决方案

由于不同版本的 BIOS 声音信号编码方式不同，所以可以通过开机自检时的报警声来判断故障的大概部位。下面以 AWARD BIOS 为例，介绍一些检查处理的方法。

如果听到的是"嘟嘟嘟…"的连续短声，说明机箱内有轻微短路现象，此时应立即关机，打开机箱，逐一拔去主机内的接口卡和其他设备电源线、信号线，通电试机。如果在拔除某设备时系统恢复正常，那就是该设备损坏或安装不当导致的短路故障；如果只保留连接主板电源线通电试机，仍听到的是"嘟嘟嘟…"的连续短声，故障原因可能有 3 种：一是主板与机箱短路，可取下主板通电检查；二是电源过载能力差，可更换电源试试；三是主板有短路故障，可将主板拿到计算机维修处进行维修。但在插拔设备之前一定要注意，必须先关闭电源，否则可能会因带电插拔而损坏硬件。

6. 案例六

计算机冷启动不能开机，必须按一下"复位"键才能开机。如今按"复位"键也不行了，只能见到绿灯和红灯长亮，显示器没有反应，更换电源也不管用。

1）案例分析

计算机启动需要 3 个条件：正确的电压、时钟、复位，缺一不可。如果有专业检修设备可以检测电压是否正常。

2）解决方案

正常情况下，按下机箱上的"复位"键后，主板即可向电源发送一个 GOODOK 信号，然后电源向主板发送电流启动计算机。但现在既然按下"复位"键能启动，就说明主板没把GOODOK 信号送给电源，或者送去了，但电源有故障，接收不到。不过由于更换电源也不能解决，所以可能是主板上有问题。建议打开机箱，检查主板上的电容有无变形或损坏，如果有损坏的电容，可以找相同型号的电容更换即可。

7. 案例七

一台计算机，在每次设置完 CMOS 并保存退出以后，重新启动计算机再次进入 CMOS，发现又恢复成了设置前的状态，原来的 CMOS 设置不能保存。

1）案例分析

这类故障一般是由于主板电池损坏，或电压不足造成，一般只要更换新的电池即可解决。有的主板更换电池后仍然不能解决问题，这可能有两种情况：

2）解决方案

（1）主板 CMOS 跳线问题。有时因为错误地将主板上的 CMOS 跳线设为清除选项，或者设置成外接电池，使得 CMOS 数据无法保存，这时就需要重新设置 CMOS 跳线。

（2）主板电路有问题，需要找专业人员维修。

17.4 声卡故障处理案例

1. 案例一

一集成声卡，不能录音。

1）案例分析

大部分集成声卡都是全双工声卡，而录音部分单独损坏几率也非常小。所以通常故障在设置或是驱动程序。

2）解决方案

首先检查插孔是否为"麦克风输入"，然后双击"小喇叭"图标，选择菜单上的"属性"→"录音"，看看各项设置是否正确。接下来在"控制面板"→"多媒体"→"设备"中调整"混合器设备"和"线路输入设备"，把它们设为"使用"状态。然后到"控制面板"→"多媒体"→"音频"→"录音首选设备"，点击麦克风小图标就可以进入"录音控制"了，在这里可以预设好需要的录音通道，随后就可以使用录音功能了。如果这个小东西变成灰色的话，可以试试将声卡删除重装。

当然也存在特殊情况：因为集成声卡一般都没有功放芯片，无法推动高档的录音设备，所以造成无法录音，在这种情况下可以更换高档次的声卡，或者更换档次更高的主板。

2. 案例二

安装网卡或者其他设备之后，声卡不再发声。

1）案例分析

这种问题比较具有代表性，大多由于兼容性问题和中断冲突造成。

2）解决方案

驱动兼容性的问题比较好解决，用户可以更新各个产品的驱动即可。而中断冲突就比较麻烦，首先进入"控制面板"→"系统"→"设备管理器"，查询各自的 IRQ 中断，并可以直接手动设定 IRQ，消除冲突即可。如果在设备管理器无法消除冲突，最好的方法是回到 BIOS 中，关闭一些不需要的设备，空出多余的 IRQ 中断。也可以将网卡或其他设备换个插槽，这样也将改变各自的 IRQ 中断，以便消除冲突。在更换插槽之后应该进入 BIOS 中的"PNP/PCI"项中将"Reset Configuration Data"改为 ENABLE，清空 PCI 设备表，重新分配 IRQ 中断即可。

17.5 CPU 风扇故障

1．案例一

用户告知，在使用计算机时，机器频繁出现一个蓝色警告窗口，接着便死机。

1）案例分析

由于警告内容为乱码，出现故障前又刚安装了一个从网上下载的软件，所以怀疑是该软件带有病毒，随即将所安装的软件删除并使用 KV3000、瑞星 2001 等杀毒软件进行查杀操作，均未发现病毒。关机并重新启动，约 5 分钟后，再次出现上述现象，反复多次仍然如此。为了彻底排除存在病毒的可能，格式化硬盘，重新安装 Windows98，在安装即将完成时，上述现象重新出现，使安装无法正常完成。

2）解决方案

仔细分析后，发现上述故障不是由病毒引起的，因为每次重新开机，刚开始时工作正常，仅在几分钟后才出现死机现象，这好像与机器的某些硬件，特别是 CPU 的温度有关。关机后，打开主机箱检查，当用手触摸到 CPU 的散热片时，感到十分烫手，这显然不正常，怀疑是 CPU 芯片或是风扇有问题。在机箱盖打开的情况下启动机器，发现 CPU 风扇转速十分缓慢，已失去正常的散热功能。将该风扇拆下，用手拨动扇叶时，感觉扇叶的转动很不灵活，故用小螺丝刀插入扇叶底部的缝隙内，并慢慢用力向上撬，将整个扇叶与扇座分离，然后翻过扇叶，看到在扇叶的中心部位有一个用数条小弧形磁铁围成的圆罩形固件，显然这是风扇电机的转子，而定子是与肩叶固定在一起的一个微型绕组，若将扇叶与扇座组合在一起，则该微型绕组正好能插在转子的内部。进一步观察发现，在定子轴的顶部和与转子相接的轴承部位都粘有一些干涸的黑色油泥，用纱布分别将其擦除干净，再后在该处点入几滴润滑油，然后将扇叶与扇座重新组合在一起，此时，用手指轻轻拨动扇叶即可轻松地转动。重新将风扇安装到 CPU 的散热片上，通电 10 分钟后，再触摸 CPU 散热片，感觉温度仅在微热状态，说明风扇的散热功能已经恢复。盖好机箱后，重新开机并重新安装

Windows98 系统，一切正常，长时间连续运行，上述故障再未出现。

3）故障说明

该故障是由于风扇润滑不好，使扇叶转动阻力增大，导致扇叶转速缓慢而失去散热功能，从而使 CPU 在开机几分钟后因温度过高而进入自保护状态，出现死机的现象。

17.6 硬盘故障

1. 案例一

一台计算机开机后，识别不了硬盘，用 BIOS 设置程序中的自动定义功能也找不到硬盘。

1）案例分析

在硬盘设置正确并且连接正确的情况下，往往是硬盘损坏，或接口电路有故障。

2）解决方案

首先检查硬盘的设置情况，如：电缆的连接，跳线的设置等。如果不正确，请设置正确。在检查的时候，可听一听硬盘的转动声，如果声音异常，则硬盘已损坏，需要更换硬盘；否则，有可能 IDE 控制电路有故障或硬盘自身也有故障，这时可换一个硬盘试一试。如果更换后故障仍存在，对于集成在主板上的 IDE 控制器，就需换主板了。

2. 案例二

一台计算机，开机自检通过后，在开始引导操作系统时，死机，屏幕上只有闪动的光标。

1）案例分析

发生此故障，在前面介绍的硬盘启动流程中，可知是系统文件丢失引起的。但还会有其他的原因：

（1）硬盘设置错误。如原来硬盘是 LBA 方式，由于某种原因，改成了 Normal 方式，或是反过来，Normal 方式变成的 LBA 方式；

（2）活动分区设置错误。如将扩展分区设为活动分区等。

（3）硬盘的活动分区的引导记录所在扇区损坏。

2）解决方案

首先，在 BIOS 中将硬盘的方式设为原来的方式，如：如果 BIOS 中为 Normal 方式，则先改为 LBA 方式等；用干净的软盘启动计算机，并执行 Fdisk 命令查看分区情况，如果活动分区不是可引导的主分区，则更改之。在硬盘设置及分区正确的情况下，故障仍旧，则可用 Sys C：命令来传递系统。如果仍有问题，可考虑更换硬件，如硬盘等。

17.7 电源故障引导起重启

1. 案例一

一台计算机，在硬盘不操作时工作正常，但当进行读写硬盘的操作时，有时会产生重启现象。

1）案例分析

从故障现象看，由于只有在访问硬盘时才会产生重启现象，因此，可能的故障部位应该是硬盘或电源，而且电源的可能性会更大。因为，在不对硬盘进行操作时，硬盘只维持基本的工作状态（如主轴电机保持动转状态、等待磁盘命令等），甚至会进入休眠状态，这时硬盘所需要的能量相对比较小。但在对硬盘发出访问命令后，不仅主轴电机的转速达到额定值，而且读写磁头也开始进入工作状态。这时硬盘会需要更多的电能来支持其正常运转，如果这时电源的功率不足，再加上硬盘电路有一些不稳定因素，使其功耗过大，就会出现电源的输出能力大幅下降，进而使系统宕机。宕机后硬盘已复位，不再全速工作，功耗减少，电源的输出就转为正常，因而计算机又进入启动状态。

2）解决方案

首先更换一个电源，并在计算机访问硬盘时，用万用表监视一下电源的+5 V 和+12 V 输出端，如果电压波动很小甚至没有，则说明是换下来的电源的问题；如果输出电压下降很大，则说明硬盘有问题。此时可更换一下硬盘，并将原来的电源再接上去，重复以上的操作，如果输出电压不再下降，则确定为硬盘问题，否则原电源也有问题。

17.8　开机黑屏故障检修过程

1. 案例一

一台计算机，起初能正常使用，搬了个位置后开机时无显示、电源指示灯不亮、屏幕无显示。

1）案例分析

电源指示灯不亮，说明计算机电源存在故障，或有硬件损坏导致电源不工作。应从外部电源开始检查，再检查内部设备。

2）维修过程

（1）检查电力供电，计算机电源，电源接口。

① 检查机箱电源的接口和电源线是否完好；

② 用万用表测电源电压，若为 215 v 则正常；

③ 检查主板电源线插口：将主板电源插头拔出，观察插头是否正常；观察主板电源插座是否无异常；

④ 上述检查都正常后，插上主机插头，再开机测试；

注意：拔出后再插上插头，有助于防止接触不良故障。

⑤ 采用替换法：测试电源是否正常；若将这台电源换到其他计算机上，能正常启动；将别的正常计算机的电源接到本机上，依然不能启动。则故障不在电源，应检查主机。

（2）采用最小系统法判断硬件故障。

① 清洁主板。

将主板取下来，先用毛刷（质量要好，绝不能脱毛，曾经遇到因为毛刷脱落的毛掉入显卡插槽引起显卡不工作而黑屏的人为故障）进行清洁，再用洗耳球吹净；

注意：计算机的清洁非常重要，很多故障都是因为灰尘引起，清洁后故障即得到解决。

② 构成最小系统。

将 CPU、内存条、显卡插上，但不装入机箱，在维修桌直接连接电源、显示器，开机看机器是否点亮。同时可以采用替换法，将好的 CPU、内存条和显卡插上测试，以判断故障所在。这时对于一些有关 CPU 的跳线（硬跳线）要特别注意是否设置正确。特别是在升级 CPU

的情况下，要先看看主板是否支持新 CPU，以免将电压设置过高将 CPU 烧坏。

17.9 网络故障处理案例

1．案例一

一家庭局域网包含两台计算机，其中一台可以通过 ADSL 上网，但另一台不能通过 ADSL 上网。

1）案例分析

（1）硬件故障。

硬件故障主要有网卡自身故障、网卡未正确安装、集线器故障等。

首先检查插在计算机 I/0 插槽上的网卡侧面的指示灯是否正常。网卡一般有两个指示灯——"连接指示灯"和"信号传输指示灯"，正常情况下"连接指示灯"一直亮着，而"信号传输指示灯"应在信号传输时不停闪烁。若"连接指示灯"不亮，应考虑连接故障，即网卡自身是否正常，安装是否正确，网线、集线器是否有故障。此时可先大致从网卡外表观察一下。

① RJ45 接头的问题。

RJ45 接头较容易出故障。例如，双绞线的线头没顶到 RJ45 接头顶端；绞线未按照标准脚位压入接头；甚至接头规格不符或者是内部的绞线断了。镀金层厚度对接头品质的影响也是相当可观的，例如镀得太薄，那么网线经过三五次插拔之后，也许就把它磨掉了，接着被氧化，当然就容易发生断线。

② 接线故障或接触不良。

一般可观察下列几个地方：双绞线颜色和 RJ45 接头的脚位顺序是否相符；线头是否顶到 RJ45 接头顶端，若没有，该线的接触会较差，需再重新压按一次；RJ45 侧面的金属片是否已刺入绞线之中，若没有，极可能造成线路不通；双绞线外皮去掉的地方是否在使用剥线工具时切断了绞线（绞线内铜导线已断，但包皮未断）。

如果还不能发现问题，那么我们可用替换法排除网线和集线器故障，即用通信正常的计算机的网线来连接故障机，若能正常通信，则是网线或集线器的故障。再转换集线器端口来区分到底是网线还是集线器的故障。许多时候集线器的指示灯也能提示是否是集线器故障，正常情况下对应端口的灯应亮着。

（2）软件故障。

如果网卡的信号传输指示灯不亮，这一般是由网络的软件故障引起的。

17.10 外设故障案例

1．案例一

在开机运行自检时，屏幕上出现 "Keyboard Error" 错误，且按键盘上的键时，在屏幕上无任何反应。

1）案例分析

可能的原因有：

（1）未插键盘，或未插好；

（2）键盘电缆线断线；

（3）键盘坏或系统主板有故障。

2）解决方案

（1）首先检查键盘是否已插好。在断电的情况下，重新插拔一下键盘。

（2）观察键盘电缆与键盘连接处是否有死弯。可将其捋一捋，如果故障消失，则电缆线有断线或接触不良可能，应更换键盘或换一根键盘电缆线。

（3）换一个键盘，如果故障依然存在，则应更换主板。注意：在更换主板时，应使用一无故障的键盘与其相连，如果正常，则还要测量一下原键盘插头中各引脚间是否有短路（使用万用表的"R×10"档测量）后，再与新的主板相连，以免造成主板再次损坏。

（4）有时由于键盘外壳内面的金属底板上的绝缘漆脱落造成键盘内部的电路板与金属底板相碰而短路。这时，可打开键盘后盖，在底板上垫一张纸即可。

17.11 通过自检鸣叫声判断故障

1. 案例一

计算机有时在开机自检时会发出不同的鸣叫声，并且还会伴随出现各种故障。

1）案例分析

如果计算机的硬件发生故障，在自检时往往会有报警声或在显示屏幕上显示错误信息。通过计算机启动时的报警声就可以判断出大部分硬件的故障所在。但不同厂商的 BIOS 不同，启动自检时的报警声也不同，这里主要以 AWARD 公司和 AMI 公司的 BIOS 为例来进行介绍。

（1）AWARD BIOS。

使用 AWARD 公司出品的 BIOS 的计算机启动自检时的报警声如下：

① 一声短鸣：计算机启动正常，没有发生硬件故障。

② 两声短鸣：CMOS 设置错误，需要进入 BIOS 重设 CMOS 参数。

③ 一长一短：内存或主板错误。

④ 一长两短：显示器或显卡错误。

⑤ 一长三短：键盘错误。

⑥ 一长九短：主板闪存错误。

⑦ 不断长响：内存未插好或内存芯片损坏。

⑧ 不停短响：电源发生故障。

⑨ 不停地响：显示器与显卡未连接好，或显卡没有插好。

（2）AMI BIOS。

AMI 公司的 BIOS 和 AWARD 公司的 BIOS 不同，它的报警声如下：

① 一声短响：内存刷新失败。

② 两声短响：内存校验错误。

③ 三声短响：系统基本内存自检失败。

④ 四声短响：系统时钟出错。

⑤ 五声短响：CPU 出错。

⑥ 六声短响：键盘错误。

⑦ 七声短响：系统实模式错误，不能进入保护模式。

⑧ 八声短响：显存错误。

⑨ 九声短响：主板闪存错误。

⑩ 一长三短：内存错误。

⑪ 一长八短：显示器数据线或显卡接触不良。

自检时显示的错误信息也有助于判断故障范围，根据判断或提示，可以检查各种数据线、电源线是否插错地方，各种组件是否接触不良等。

17.12　浏览器故障案例

1. 案例一：IE 的主页设置被屏蔽锁定

1）案例分析

这通常是恶意网页通过修改注册表，锁定 IE 的主页设置项，使 IE 主页设置的许多选项变灰色、按钮不可用，禁止用户更改回来。

2）故障处理

单击"开始"→"运行"，键入"regedit"打开注册表，定位到 HKEY_CURRENT_USER\Software\Microsoft\Internet Explorer 分支，新建 "Control Panel"主键，然后在此主键下新建一个键值名为"HomePage"的 DWORD 值，值为"00000000"（"1"为禁用），定位到 HKEY_USER\.DEFAULT\Software\Policies\Microsoft\Internet Explorer\Control Panel 下，将 HomePage 的键值改为 0；接下来定位到 HKEY_CURRENT_USER\Software\Policies\Microsoft\Internet Explorer\Control Panel，将其下的"Settings""Links""SecAddSites"全部都改为 0 即可。

注意：在"HKEY_CURRENT_USER\Software\Policies\Microsoft"中，默认情况下只有主键"SystemCertificates"，一般没有"Internet Explorer"，如果经过以上操作，IE 仍然还有其他的设置被禁用（变灰），则可以将主键"Internet Explorer"删除即可。

17.13　Win7 蓝屏部分说明及解决方案

Windows 7 蓝屏产生的原因很多，但大多数往往由不兼容的硬件或驱动程序有问题的软件、病毒等导致。遇到蓝屏错误时，可以尝试选用下面的方法：

1）重启系统

如果只是某个程序或驱动程序偶尔出现错误，重启系统后部分问题会消除。

2）检查硬件

（1）检查新硬件是否插牢。这个被许多人忽视的问题往往会引发许多莫名其妙的故障。如果确认新硬件没有问题，可将其换个插槽试试，并安装最新的驱动程序。同时还应对照微软网站的硬件兼容类别检查一下硬件是否与操作系统兼容。

（2）检查是否做了 CPU 超频。超频操作造成 CPU 过载运算，使 CPU 过热，从而导致系统运算错误。有些 CPU 的超频性能比较好，但有时也会出现一些莫名其妙的错误。

3）检查新驱动和新服务

如果刚安装完某个硬件的新驱动，或安装了某个软件，而它又在系统服务中添加了相应项目（比如：杀毒软件、CPU 降温软件、防火墙软件等），在重启或使用中出现了蓝屏故障，可进入安全模式来卸载或禁用它们。

4）检查病毒

例如冲击波或振荡波等病毒有时会导致 Win7 蓝屏死机，因此查杀病毒必不可少。同时一些木马间谍软件也会引发蓝屏，最好再用相关工具进行扫描检查。

5）检查 BIOS 和硬件的兼容性

对于新装系统的计算机经常出现蓝屏问题，应该检查并升级 BIOS 到最新版本，同时关闭其中的内存相关项，比如缓存和映射等。另外，还应该对照微软的硬件兼容列表检查自己的硬件。另外，如果主板 BIOS 无法支持大容量硬盘也会导致蓝屏，需要对其进行升级。

6）恢复最后一次正确配置

一般情况下，蓝屏都出现于更新了硬件驱动或新加硬件并安装其驱动后，这时 Win7 提供的"最后一次正确配置"就是解决蓝屏的一种快捷方式。重启系统，在出现启动菜单时按下 F8 键就会出现高级启动选项菜单，接着选择"最后一次正确配置"。

7）安装最新的系统补丁

有些蓝屏是 Windows7 本身存在缺陷造成的，可通过安装最新的系统补丁解决。

9）光驱在读盘时被非正常打开

这个现象是在光驱正在读取数据时，由于被误操作打开而导致出现蓝屏。这个问题不影响系统正常动作，只要再弹入光盘或按 ESC 键就可以解决。

9）查询蓝屏代码

把蓝屏中的英文信息记下来，接着到其他计算机中进入微软帮助与支持网站（http：//support.microsoft.com），在"搜索（知识库）"中输入代码搜索信息。如果搜索结果没有适合信息，可以选择"英文知识库"再搜索一遍。一般情况下，会在这里找到有用的解决案例。另外，也可以在搜索引擎中搜索试试。

部分 Windows7 系统蓝屏代码和含义见附录三。

附录一 常用工具软件介绍

一 系统测试工具 AIDA

AIDA 是一个测试软硬件系统信息的工具，可以详细地显示出 PC 每一个方面的信息。它支持上千种主板，支持上百种显卡，支持对并口、串口、USB 这些 PNP 设备的检测，支持对各式各样的处理器侦测。它是一款绿色软件，下载后直接运行就可使用，主界面如附图 1 所示。

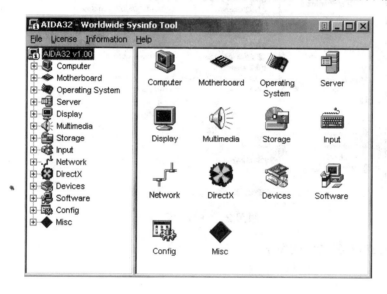

附图 1　AIDA 软件主界面

界面左侧的信息栏中所列部分项目如下：

（1）Computer：计算机系统信息，包括计算机名、用户名、登录名等信息。

（2）Motherboard：主板信息，包括 CPU 的类型（型号、主频、倍频、外频）、主板名称、主板芯片组型号、系统内存容量、BIOS 类型、已用端口等信息。

（3）Display：显示信息，主要包括显卡、显示器等信息。

（4）Multimedia：多媒体信息，主要包括声卡设备的信息。

（5）Storage：存储设备信息，可以查看 Floppy Drive（软驱）、Disk Drive（硬盘型号、容量、转速、接口类型）、CD/DVD Drive（光驱设备）的相关信息。

（6）Partitions：分区信息，包含本机硬盘被分成了几个区，各个分区所用的文件系统，总的空间和剩余空间等信息。

（7）Input：输入设备信息，指键盘和鼠标等设备的识别信息。

（8）Network：网络信息，指网卡型号、Modem 型号等。

（9）Peripherals：输出设备信息。

AIDA 软件有几项功能非常有用。

1. 检测 CPU 是否为正品

点击左侧列表项中的"AIDA 32"→"Motherboard"→"CPU"，在列表的右侧栏中会列出当前计算机 CPU 的详细资料，如附图 2 所示。

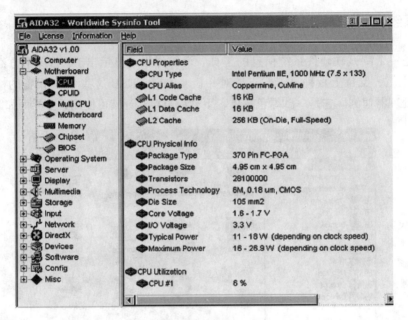

附图 2　CPU 检测信息

CPU 检测信息包括 CPU 的类型、内核、L1、L2、封装类型、封装尺寸、内核尺寸、电源、所用功率等信息，这些都可以显示出来。

2. 检测主板信息

点击左侧列表项中的"AIDA 32"→"Motherboard"→"Motherboard"，在列表的右侧栏中会列出相应的主板登记处，如附图 3 所示。

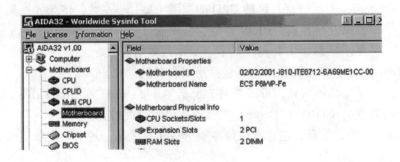

附图 3　主板检测信息

在附图 3 中我们可以查看到主板的型号和名称。

3. 获知显示器的生产日期

点击"Display"→"Monitor"可以查询到显示器具体的出厂日期，其具体时间信息可以精确到第几周。除此以外，也可以从这里了解到显示器的序列号、型号、最大分辨率、最高刷新率等，如附图4所示。

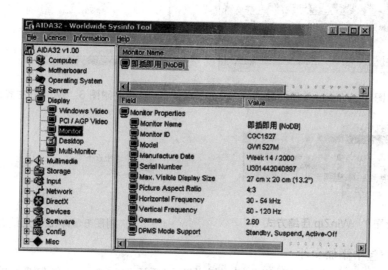

附图4　显示器检测信息

AIDA 系统测试软件的功能还有很多，在此就不一一列举了。

二　压缩工具

1. WinZip 解压缩软件简介

在计算机的使用过程中我们经常对计算机中的一些大文件或不经常用到的文件进行打包压缩，然后再保存。这样既可保证文件不易损坏，又为硬盘腾出了不少的使用空间。WinZip 作为一款强大并且易用的压缩实用程序，支持 ZIP、CAB、TAR、GZIP、MIME 以及更多格式的压缩文件，其特点是紧密地与 Windows 资源管理器进行拖放集成。

WinZip 安装后会弹出一个使用向导（见附图5），在该向导中单击"WinZip 标准"按钮，随后即可进入程序的主界面（见附图6）。下面我们就以 WinZip8.1 汉化版为例一起来感受一下 WinZip 的压缩之旅。

2. WinZip 解压缩软件使用

1）快速压缩文件

由于 WinZip 支持鼠标右键快捷菜单功能，几乎所有的操作都可以在右键中完成。因此在压缩文件时只需在资源管理器中右键点击要压缩的文件或文件夹，随后弹出一个快捷菜单。在此 WinZip 提供了多种压缩方式（见附图7），选择其中的"添加到<文件名>.zip"命令，WinZip 就可以快速地将要压缩的文件在当前目录下创建成一个 Zip 压缩包（见附图8）。

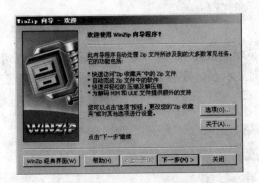

附图 5　WinZip 使用向导

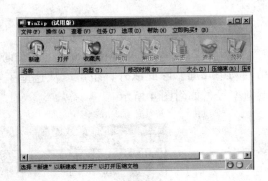

附图 6　WinZip 主界面

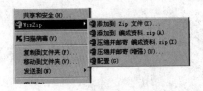

附图 7　WinZip 压缩方式

附图 8　WinZip 压缩文件

2）向压缩包中添加文件

向某个压缩包添加文件时，用鼠标右键单击需要添加的文件，在右键菜单中选择"添加到 Zip 文件"命令，在随后弹出的"添加"对话框中（见附图 9）提供了多项设置。

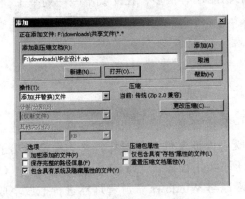

附图 9　向压缩包中添加文件

（1）添加到压缩文档。

单击该项中的"打开"按钮，打开需要添加文件的压缩包。在此我们也可以单击"新建"按钮，新建一个新的空白压缩包。

（2）操作。

该项中提供了多种压缩文件的添加方式，如替换原有文件、保存原有文件、移动文件、更新添加文件等，在此，用户可以根据需要进行选择。

（3）压缩。

WinZip 在该项中提供了多种压缩比例，通过此项设置可以提高对文件的压缩程度，软件提供了最大压缩、标准压缩、快速压缩、最快压缩、无压缩等格式。软件默认为标准压缩，以后也可以根据需要选择文件的压缩比例。

（4）加密。

在该对话框中单击右侧的"密码"按钮，可以为当前压缩文件进行密码设置，以后打开该压缩文件时只有输入密码方能打开。

以上设置完成后单击"添加"，即可完成添加操作。

3）邮件压缩

WinZip 提供了一个非常体贴的邮件压缩功能，通过此项功能可以直接对需要邮寄的文件以压缩包的形式快速上传到邮件的附件中，方便以后邮寄。使用时在右键菜单中选择"压缩并邮件<文件名>.zip"命令，将要邮寄的文件压缩，随后弹出一个"新邮件"窗口（见附图10），在该窗口中再输入收件人地址和主题即可。

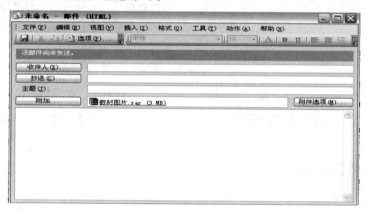

附图 10　邮件压缩

4）解压缩包文件

对于解压缩，WinZip 也提供了简单的方法：在系统资源器中使用鼠标右键单击压缩包文件，其系统右键菜单中包括了多种解压缩的方式，如附图 11 所示。其中，"解压文件"表示自定义解压缩文件存放的路径和文件名称；"解压到当前文件夹"表示释放压缩包文件到当前路径；"解压到 XXX\"表示在当前路径下创建与压缩包名字相同的文件夹，然后将压缩包文件扩展到这个路径下。

附图 11　解压缩文件

WinZip 提供了对压缩包中的部分文件进行解压缩功能，使用时左键双击某一需解压文件所在的压缩包，随后弹出 WinZip 主界面，如附图 12 所示。在该界面中选择需进行解压缩的文件或文件夹，如果要一次对多个文件或文件夹进行解压缩，单击"释放"按钮，在弹出的"释放"对话框选择好文件解压的路径单击"确定"即可进行解压缩，如附图 13 所示。

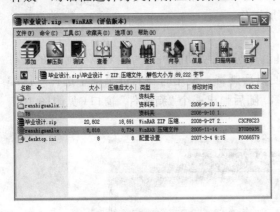 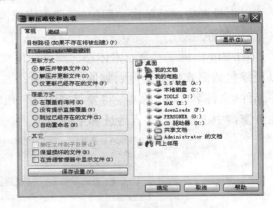

附图 12　部分文件解压缩　　　　　附图 13　确定解压缩文件路径

WinZip 还提供了很多实用功能，如生成分卷解压文件、转换压缩格式等功能。

三　系统优化工具

1. Windows 优化大师介绍

Windows 优化大师是国内知名的系统优化软件，有着丰富的优化功能，而且软件体积小巧，功能强大，是装机必备软件之一。

Windows 优化大师软件同时适用于 Windows98/Me/2000/XP/7 操作系统，能够为系统提供全面有效而且简便地优化、维护和清理手段，让系统始终保持在最佳状态。

Windows 优化大师安装以后，程序主界面如附图 14 所示。

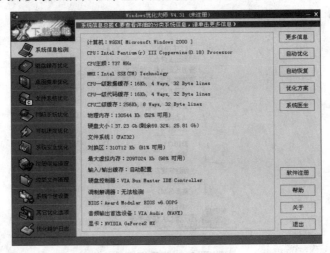

附图 14　优化大师主界面

Windows 优化大师主要具有以下功能：

1）系统信息

详细检测系统的各种硬件、软件信息（如 CPU、BIOS、内存、硬盘、光驱、Modem、显卡、显示器等，同时提供 BenchMark 功能）。

2）磁盘缓存优化

包括优化文件 Cache、ChunkSize，优化页面、DMA 通道的缓冲区和断点值，缩短程序响应时间，快速关机以及虚拟内存优化等。

3）菜单速度优化

包括加快菜单速度、Windows 动画效果开关以及 Windows 自动刷新等。

4）文件系统优化

包括加快文件系统和 CD-ROM 速度，优化多媒体程序，让 Windows 下的 DOS 得到最大内存以及优化软驱读写速度等。

5）网络优化

包括优化 MaxMTU/MaxMSS、DefaultRevWindows、DefaultTTL、NameSrvQueryTimeout、COM 端口缓冲、PMTUDiscovery、PMTUBlackHoleDetect、MaxSocket、NDI 以及减少上网超时等。域名解析优化（通过因特网将域名解析为 IP 地址以加速上网速度）以及软件注册等功能，还可以给一个网卡绑定多个 IP 地址，以达到在局域网内访问不同网段的目的。

6）系统安全优化

包含进程管理（查看或强行终止系统当前进程、线程和模块），Windows 下设置超级用户、普通用户和按 ESC 键进入的非法用户权限设置，黑客程序扫描和病毒免疫等功能。

7）注册表清理

包含扫描和删除注册表中的冗余和错误信息、冗余 DLL 信息、残余的反安装信息以及其他冗余信息等功能。

8）文件清理

包含扫描和删除垃圾文件（垃圾文件类型可自定义和删除）；扫描和删除因特网残留信息；扫描和删除系统冗余字体等；扫描和删除失效的快捷方式等功能。

9）Windows 个性化设置

有设置个性化右键、设置个性化桌面、设置 OEM 厂商信息等功能。

10）日志查看

可以查看和清理日志文件。

2. 优化大师的功能操作

1）查看系统信息

运行程序以后，首先显示出计算机当前的系统信息。在系统信息中，Windows 优化大师可以检测系统的一些硬件和软件信息，如 CPU 信息、内存信息等。也可以通过单击右边的"更多信息"按钮来了解计算机的详细信息（包括 CPU、内存、硬盘、Internet、其他设备等），如附图 15 所示。单击实时按钮还可以实时监测系统的一些信息。

通过右边的"自动优化"和"自动恢复"按钮，Windows 优化大师能够根据计算机的配置对系统进行自动优化和自动恢复。不过，此功能只对已注册用户有效，如附图 16 所示。

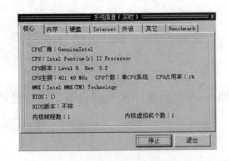

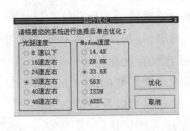

附图 15　系统信息窗口　　　　　　　　　　　附图 16　自动优化设置

2）磁盘缓存优化

单击左边的"磁盘缓存优化"按钮，弹出的界面如附图 17 所示。

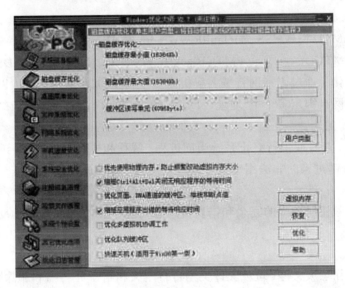

附图 17 磁盘缓存优化界面

在该窗口中，可以调节磁盘缓存最小值、最大值以及缓冲区读写单元。其中磁盘缓存最小值的调节范围是 1 024 ~ 16 384，最大值的调节范围是 0 ~ 16 384。根据一般的操作指南，这两个值的大小应该为内存的 1/4，例如，16 MB 为 4 096、32 MB 为 8 192、64 MB 为 16 384。根据经验，64 MB 内存以上最好将其设置为 9 216。因此，Windows 优化大师推荐的 64 MB 以上的磁盘缓存最小值和磁盘缓存最大值为 9 216。上述只是根据内存大小的优化方式，Windows 优化大师还可以根据用户类型并参照系统的内存情况进行优化。单击"用户类型"后出现"用户类型"选择对话框，如附图 18 所示。其中，Windows98 标准用户适用 Windows98 的大多数用户，光盘刻录机用户适用于系统中配备有光盘刻录机的用户，大型程序用户适用于经常同时运行几个大型程序的用户，小内存用户适用于开机后系统资源的可用空间较小的用户，多媒体用户适用于经常运行多媒体程序的用户，3D 游戏用户适用于经常玩 3D 游戏的用户。Windows 优化大师能自动识别内存大小并提供内存的推荐值。

下面的一些复选框的作用分别如下：

① 优化页面、DMA 通道的缓存区、堆栈和断点值：Windows 优化大师将页面缓冲区优化为 32，DMA 通道缓冲区优化为 64，系统内部堆栈优化为 15，断点值加到最大值 768。实践证明，这几个优化值适用于绝大多数配置的计算机系统。

② 优化队列值：Windows 优化大师将默认的队列数目缓冲区优化为 32。

此外，用户还可以对虚拟内存进行优化，这样可以省去 Windows 计算 Win386.swp 文件的时间，同时也减少了磁盘碎片的产生。需要注意的是虚拟内存不能小于系统内存的容量。建议将虚拟内存设置到系统最快的硬盘上，并采用 Windows 优化大师的推荐大小，如附图 19 所示。

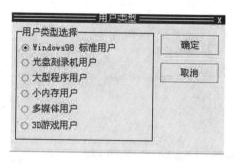

附图 18　用户类型选择框

附图 19　虚拟内存设置对话框

3）桌面菜单优化

此功能可以加速各菜单的显示速度，其界面如附图 20 所示。

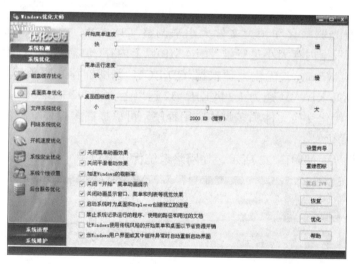

附图 20　桌面菜单优化界面

① 开始菜单速度的优化可以加快开始菜单的运行速度，建议将该值调到最快。

② 菜单运行速度的优化可以加快所有菜单的运行速度，建议将该值调到最快。

③ 桌面图标缓存的优化可以提高桌面上图标的显示速度，建议将该值调整到 768 KB。

另外，建议选择"加速 Windows 刷新率"，这样可以让 Windows 具备自动刷新功能。建议选择"关闭开始菜单动画效果"和"关闭开始菜单动画效果"，因为这些效果会降低 Windows

的速度。

4) 文件系统优化

文件系统优化主界面如附图 21 所示。

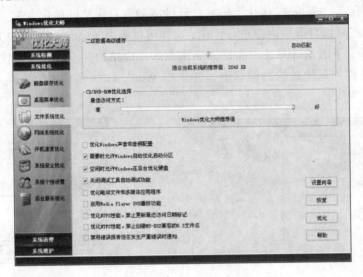

附图21　文件系统优化主界面

如果计算机采用的是 FAT 的文件系统，将设置由台式机改为网络服务器可以大幅度提高 FAT 存储能力，加快访问速度。如果拥有 10 MB 以上的内存，建议将文件系统速度选择为网络服务器。

可以通过调整光驱缓存和预读文件大小来调整 CD-ROM 的性能。光驱缓存的大小由 Windows 优化大师根据内存大小进行推荐，64 MB 以上内存（包括 64 MB）为 2 048 KB，64 MB 以下为 1 536 KB。Windows 优化大师根据 CD-ROM 速度推荐光驱预读文件大小，8 速为 448 KB，16 速为 896 KB，24 速为 1 344 KB，32 速以上为 1 792 KB。

此外，选中"优化交换文件和多媒体应用程序"可以提高多媒体文件的性能。

5) 网络系统优化

网络系统优化界面如附图 22 所示。在网络系统优化窗口中，可以对以下项目进行优化。

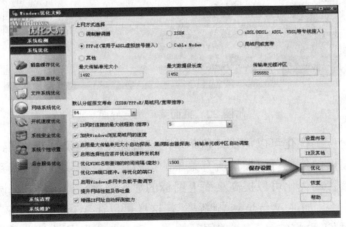

附图22　网络系统优化界面

① MaxMTU/MaxMSS 优化：Windows 默认的 MaxMTU(最大的 TCP/IP 传输单元)为 1 500 字节(以太网标准)，拨号上网用户使用该值会降低传输效率，一般应该改为 576 字节。MaxMSS（最大分组数）一般应为 MaxMTU-40。建议拨号网络选择 576/536。

② DefaultRcvWindow 优化：DefaultRcvWindow（缺省的传输单元缓冲区）太小，将导致分组阻塞，降低传输效率。DefaultRcvWindow 太大，如果一个分组出错会导致缓冲区中的所有分区被丢弃和重发，也会降低效率。该值的大小与 Modem 的速度有关，最好是 MaxMSS 的整数倍。建议根据 Modem 速度进行选择。

③ DefaultTTL：Windows 默认的生存时间，如果分组在 Internet 中传输的时间超过了分组的寿命，则该分组将被丢弃。将 DefaultTTL 改得更大些，有利于信息在 Internet 中传得更远。建议拨号用户选择 255。

④ 优化 PMTUDiscovery 和 PMTUBlackHoleDetect：选中该项将提高拨号上网的性能。

⑤ 优化 NameSrvQueryTimeout：如果在 NameSrvQueryTimeout（域名服务器超时计数）计数值的时间内没有收到域名服务器的响应，或当域名服务器没有收到本机的请求，请求将会重发或做超时错误处理。优化该值可以增加连接的成功率，Windows 优化大师的默认优化值是 3 000。

⑥ 优化 COM 端口缓冲：这是为 Modem 所在的 COM 端口设置的缓冲大小。选中该项，Windows 优化大师会根据内存大小设置相应的缓冲大小（内存小于 64 M，缓冲区为 1 024；内存大于或等于 64 M，缓冲区为 2 048）。同时，Windows 优化大师还将端口的波特率设置为 115 200。注意，Windows 优化大师将自动查找系统中 Modem 个数，对每一个配置了的 Modem 及其端口，都将自动查找 TCP/IP 入口进行优化。因此，如果系统中存在没有使用的 Modem，建议删除掉。

⑦ 优化 MaxSocket 和 NDI：选中该项将对 NWLink 协议进行优化，对于拨号上网的用户，可以不选择。

另外在该窗口中，还可以得到计算机的相关的 TCP/IP 信息，如附图 23 所示。

还可以通过"域名解析"按钮把经常访问的网址进行域名解析，然后自动将网址和 IP 地址一一对应的存放起来。今后访问这些网址就无需进行域名解析了，这样将大大提高上网的速度，如附图 24 所示。

图 23　TCP/IP 信息窗口

附图 24　域名解析优化窗口

6）开机速度优化

开机速度优化界面如附图 25 所示。

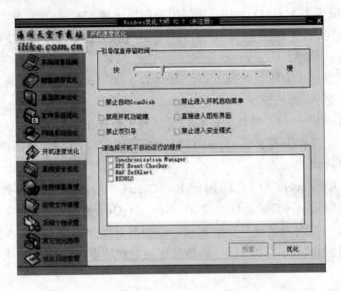

附图25　开机速度优化界面

7）系统安全优化

系统安全优化界面如附图 26 所示。可以通过该窗口来防止匿名用户使用 Esc 键登录。首先必须先给 Windows 设置用户，然后在网络的 Windows 登录中选择"Windows 友好登录"，选中"防止匿名用户 ESC 键登录"，最后单击"优化"，退出并重启系统。

①启用个人密码保护：可以修补 Windows 的漏洞，防止密码被黑客窃取。

②开始菜单：单击该项后出现如附图 27 所示界面。列表框中列出了一些可以被屏蔽的开始菜单中的选项，根据提示去掉选项前的小勾，单击确认，退出 Windows 优化大师后重启系统，即可隐藏开始菜单中的这个选项。

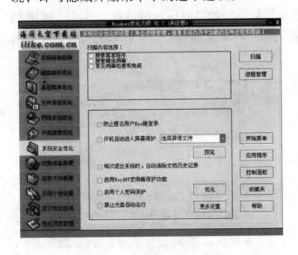

附图26　系统安全优化界面

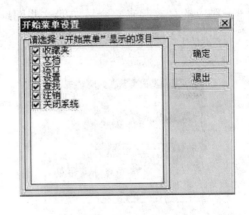

附图27　开始菜单设置对话框

③更多设置：提供了一些高级选项给对 Windows 有一定使用经验的用户。包括隐藏控制

面板中的一些选项，锁定桌面，隐藏桌面上的所有图标，禁止运行注册表编辑器 Regedit，禁止运行任何程序等，如附图 28 所示。

8）注册信息清理

注册信息清理界面如附图 29 所示，该功能可以让用户安全地清除注册表中的冗余信息，以免注册表过于臃肿，影响系统速度。另外还可以扫描多余的 DLL 文件以及程序的卸载信息等垃圾。

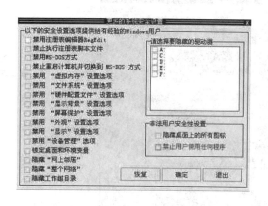
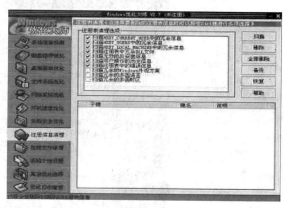

附图 28　更多的系统安全设置界面　　　　附图 29　注册信息清理界面

9）垃圾文件设置

垃圾文件设置界面，如附图 30 所示。随着 Windows 系统的使用，硬盘上的垃圾文件会越来越多。使用 Windows 优化大师可以轻松地将垃圾文件查找出来并删除掉。选择好扫描类型和文件类型以后，可以通过单击"扫描"按钮开始寻找计算机中的垃圾文件。对于找到的文件可以进行如下处理：将文件移送到回收站、直接删除文件或者将文件移送到指定的目录。

附图 30　垃圾文件设置界面

10）系统个性设置

系统个性设置界面如附图 31 所示。

① 右键设置：包括在右键菜单中加入清空回收站、关闭计算机和重新启动计算机。还可以选择"自定义"定义自己的右键菜单。

② 桌面设置：包括消除快捷方式图标上的小箭头，在任务栏的时间前面添加文字信息，桌面显示"我的文档""回收站"等。

11）其他设置

其他优化选项设置界面如附图 32 所示。在这里可以对系统文件进行备份，并可以针对 Windows98 第一版进行虚拟设备驱动程序的优化。

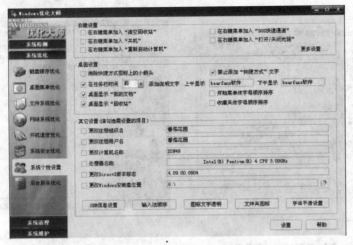

附图 31　系统个性设置界面

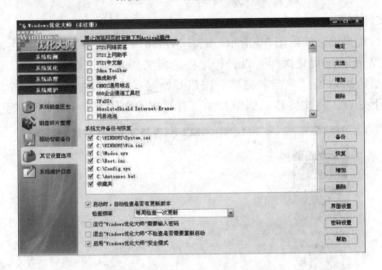

附图 32　其他优化选项设置界面

四　其他系统优化工具

1. 优化 CPU

1）CPUCool

CPUCool 是一款给 CPU 降温的软件，用户在炎热的夏天可以通过该软件给自己的 CPU 降温，从而达到保护自己机器的目的。大家都知道 Windows 95 和 Windows 98 中并没有像

Windows NT 或 Linux 中的 HALT 指令操作（此指令能在 CPU 没有使用的时候减少能源的消耗，从而降低 CPU 的温度），因此在 Windows 95/98 系统下 CPU 就一直处在备战状态，随时随地都在检查是否有什么命令需要去执行。这样 CPU 就持续不断地产生热能并增加温度，一旦 CPU 的温度提高到一定程度就会影响系统的稳定性。而 CUPCool 是集冷却与优化于一身的工具，支持在 Windows 95/98/NT/2000 系统下优化 CPU（包括 AMD、Cyrix、Intel 等品牌），监测并显示主板温度、风扇转速及电压（支持 Intel、SIS、VIA、ALI 等芯片组）等。

2）SoftFSB

SoftFSB 是一款 CPU 超频软件，用户不用通过硬件就可以对自己的 CPU 进行超频。运行 SoftFSB 时，在 "Target Motherboard" 中选定主板类型，如果本机主板没有在 "Target Motherboard" 列出时，则可以在 "Target Clock Generator" 中，选择时钟发生器的型号，再选择 "Get FSB" 就会出现外频调节的选项。设置好外频，SoftFSB 将同时显示 PCI BUS 的当前频率，如果 PLL-IC 支持同步/异步时钟频率，还可以设置 PCI 的同步/异步状态。接着点击 "SET FSB"，就能即时产生效果。当然，在调节的时候要根据 "CURRENT CPU FREQ" 调节，这里会即时显示 CPU 的运行频率。

2. 优化内存

1）RAM Idle Professional

RAM Idle Professional 是一款内存优化软件，可以提高内存的使用效率。这款软件会确认正在执行的软件是否快速的载入内存中，并且会检查所设定的内存下限，当内存使用程度达到下限时，会自动处理非必要的软件占用，让内存尽量保持在安全使用的范围内。这个软件在执行时，是利用计算机处理工作的空闲时间，因此并不会影响系统的效率，使用者也不会感到机器变慢。

2）Memory Zipper Plus

Memory Zipper 的界面相当漂亮，有点类似于苹果软件的风格。Memory Zipper 是一款小巧的内存优化程序，该软件可恢复系统遗漏的内存，并以图表的形式显示内存的使用状况。它还能检测出硬件系统的内存管理资料与调校工具，帮助将视窗没有释放干净的内存部分清除，并且将零散被占用的内存整合，避免系统因为内存资源被越占越多而导致死机的情况发生。此外，还具有 CPU 监测功能，利用闲置的空文件降低 CPU 的负荷，进而减低 CPU 的温度。

3. 优化显卡

1）PowerStrip

PowerStrip 是一款绿色软件，下载之后可以直接运行。可以不重新启动系统而更改显卡和显示器的显示参数，将显示系统性能发挥到最佳状态。简单地说 PowerStrip 就是一个 "显卡超频软件"，支持包括中文在内的十多种语言，主要功能有显示模式的调整、查看图形系统信息、调整屏幕、调整显示字体、校准颜色、电源管理等方面的功能，可以说通过 PowerStrip 可以修改几乎所有显示部分的设置。

2）NVIDIA

NVIDIA 是针对 NVIDIA 系列显卡的优化软件。它主要包含有速度优先、画质优先、速度与画质兼顾三个选项，操作十分简单，可以说是个傻瓜型的显卡优化软件。

4. 优化硬盘

Vopt XP 是一款磁盘碎片整理软件。它可以在短时间内迅速整理硬盘，而且可以设定自动整理硬盘的计划列表。Vopt XP 可将硬盘上不同扇区的文件快速和安全的重整，帮用户节省更多时间，支持 FAT16 和 FAT32 格式及中文长文件名。

附录二　笔记本电脑整机拆解

　　以联想 Y470 笔记本为例说明笔记本的整个拆解过程。需要的工具有：十字螺丝刀、弯嘴镊子。下面讲解拆机的步骤与方法：

　　（1）首先把计算机的电池和电源拿开之后，从底部最大的一块盖板开始拆解。盖板有五颗螺钉固定，拧开之后拔下来就行了。

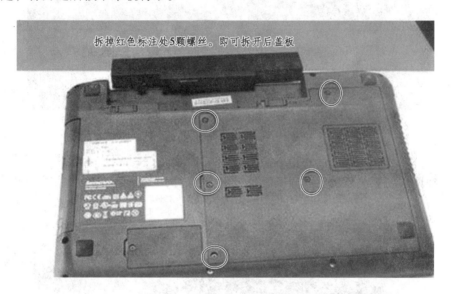

附图 33　拆开底部最大一块盖板

　　（2）盖板拿下来之后，能够看到笔记本散热风扇、内存、无线网卡模块以及硬盘（锡箔纸下方）。

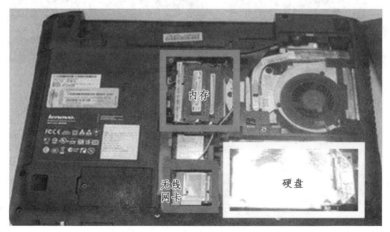

附图 34　查看笔记本内部结构

（3）内存条比较好拿下来，可以把固定内存条两边的卡扣往旁边扳动一点，内存就会自动弹起来了。

（4）硬盘有两颗螺丝固定，拧下来之后就可以拿下硬盘。

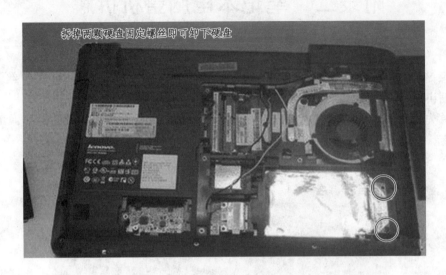

附图35　卸下硬盘

（5）无线网卡的天线是从液晶屏里面延伸出来的，两根线弄下来之后从线槽里面弄出来。

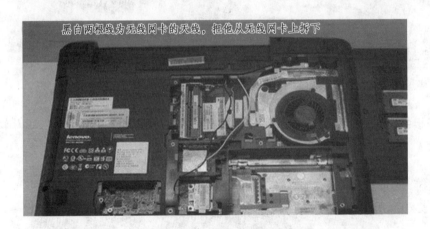

附图36　拆下无线网卡天线

（6）红色标记为固定光驱的螺丝，大多光驱都是只由一颗螺钉固定，拧掉了就能直接抽出来。

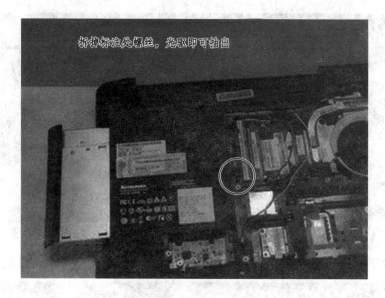

附图 37　拆下光驱

（7）笔记本正面的开关面板在笔记本上面主要由这四颗螺丝固定着，直接拧下来先。

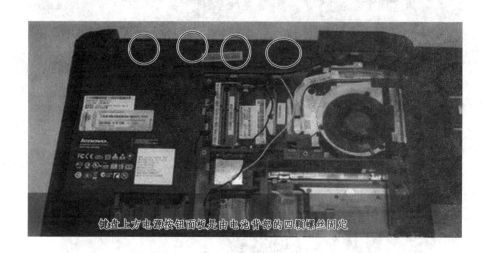

附图 38　卸下电源面板四颗螺丝

（8）来到笔记本键盘的这一面，用手把盖板抠起来，但是不要直接拿下来，把盖板松开之后往上面移动一点，先将键盘弄起来。注意一下盖板的边缘暗扣。

附图 39　取下键盘

（9）键盘拿下来之后能够看到开关面板上面还有两组排线连接在主板上面，直接抽出来。

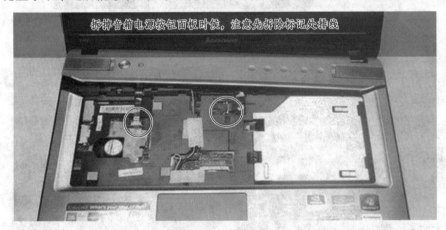

附图 40　取下排线

（10）开关面板拿下来之后，把笔记本底部的所有螺丝全部拆卸干净，就能将笔记本的 C 壳取下来了。

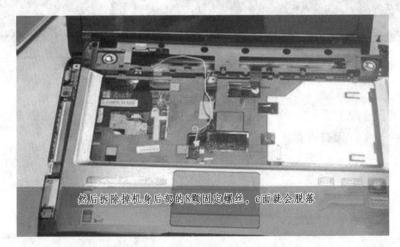

附图 41　取下 C 壳

（11）C壳拿下来之后就能看见整个主板的布局了，小心的清理掉主板上面还存在的一些数据线接头。

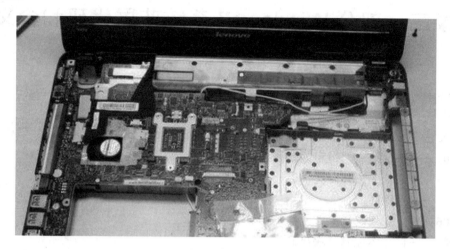

附图42　清理数据线接头

（12）主板拿出来之后，风扇便能够拿下来了，那么拆解工作就已经结束了。

附图43　拆除风扇

附录三   部分 Windows7 系统蓝屏代码和含义

00x0000——作业完成。

10x0001——不正确的函数。

20x0002——系统找不到指定的文件。

30x0003——系统找不到指定的路径。

40x0004——系统无法开启文件。

50x0005——拒绝存取。

60x0006——无效代码。

70x0007——储存体控制区块已破坏。

80x0008——储存体空间不足，无法处理这个指令。

90x0009——储存体控制区块位址无效。

100x000A——环境不正确。

110x000B——尝试载入一个格式错误的程序。

120x000C——存取码错误。

130x000D——资料错误。

140x000E——储存体空间不够，无法完成这项作业。

150x000F——系统找不到指定的磁盘。

160x0010——无法移除目录。

170x0011——系统无法将文件移到其他的磁盘。

180x0012——没有任何文件。

190x0013——储存媒体为防写状态。

200x0014——系统找不到指定的装置。

210x0015——装置尚未就绪。

220x0016——装置无法识别指令。

230x0017——资料错误。

240x0018——程序发出一个长度错误的指令。

250x0019——系统在磁盘找不到特定的磁区或磁轨。

260x001A——指定的磁盘或磁片无法存取。

270x001B——磁盘找不到要求的磁区。

280x001C——打印机没有纸。

290x001D——系统无法将资料写入指定的磁盘。

300x001E——系统无法读取指定的装置。

310x001F——连接到系统的某个装置没有作用。

320x0020——因为文件被另一进程占用，故该进程无法运行。

330x0021——文件的一部份被锁定，现在无法存取。

340x0022——磁盘的磁片不正确。请将%2（VolumeSerialNumber：%3）插入磁碟机。

360x0024——开启的分享文件数量太多。

380x0026——到达文件结尾。

390x0027——磁盘已满。

500x0032——不支持这种网络要求。

510x0033——远端计算机无法使用。

520x0034——网络名称重复。

530x0035——网络路径找不到。

540x0036——网络忙碌中。

550x0037——指定网络资源或设备不能使用。

560x0038——网络 BIOS 命令已经达到极限。

570x0039——网络配接卡发生问题。

580x003A——指定的服务器无法执行要求的作业。

590x003B——网络发生意外错误。

600x003C——远端配接卡不相容。

610x003D——打印机伫列已满。

620x003E——服务器的空间无法储存等候列印的文件。

630x003F——等候列印的文件已经删除。

640x0040——指定的网络名称无法使用。

650x0041——拒绝存取网络。

660x0042——网络资源类型错误。

670x0043——网络名称找不到。

680x0044——超过区域计算机网络配接卡的名称限制。

690x0045——超过网络 BIOS 作业阶段的限制。

700x0046——远端服务器已经暂停或者正在起始中。

710x0047——因为连线数目已达上限，此时无法再连线到这台远端计算机。

720x0048——指定的打印机或磁盘装置已经暂停作用。

800x0050——文件已经存在。

820x0052——无法建立目录或文件。

830x0053——INT24 失败。

840x0054——处理这项要求的储存体无法使用。

850x0055——近端装置名称已经在使用中。

860x0056——指定的网络密码错误。

870x0057——参数错误。

880x0058——网络发生资料写入错误。

890x0059——此时系统无法执行其他行程。

1000x0064——无法建立其他的系统 semaphore。

1010x0065——属于其他行程专用的 semaphore。

1020x0066 ——semaphore 已经设定，而且无法关闭。

1030x0067 ——无法指定 semaphore。

1040x0068 ——在岔断时间无法要求专用的 semaphore。

1050x0069 ——此 semaphore 先前的拥有权已经结束。

1060x006A ——请将磁片插入。

1070x006B ——因为代用的磁片尚未插入，所以程序已经停止。

1080x006C ——磁盘正在使用中或被锁定。

1090x006D ——Pipe 已经中止。

1100x006E ——系统无法开启指定的装置或文件。

1110x006F ——文件名太长。

1120x0070 ——磁盘空间不足。

1130x0071 ——没有可用的内部文件识别字。

1140x0072 ——目标内部文件识别字不正确。

1170x0075 ——由应用程序所执行的 IOCTL 呼叫不正确。

1180x0076 ——写入验证参数值不正确。

1190x0077 ——系统不支持所要求的指令。

1200x0078 ——此项功能仅在 Win32 模式有效。

1210x0079 ——semaphore 超过逾时期间。

1220x007A ——传到系统呼叫的资料区域太小。

1230x007B ——文件名、目录名称或储存体标签语法错误。

1240x007C ——系统呼叫层次不正确。

1250x007D ——磁盘没有设定标签。

1260x007E ——找不到指定的模组。

1270x007F ——找不到指定的程序。

1280x0080 ——没有子行程可供等待。

1290x0081 ——这个应用程序无法在 Win32 模式下执行。

1300x0082 ——尝试使用文件句柄而非原始的磁盘 I/O 操作打开磁盘分区。

1310x0083 ——尝试将文件指标移至文件开头之前。

1320x0084 ——无法在指定的装置或文件设定文件指标。

1330x0085 ——JOIN 或 SUBST 指令无法用于内含事先结合过的磁盘。

1340x0086 ——尝试在已经结合的磁盘，使用 JOIN 或 SUBST 指令。

1350x0087 ——尝试在已经替换的磁盘，使用 JOIN 或 SUBST 指令。

1360x0088 ——系统尝试删除未连接过的磁盘的连接关系。

1370x0089 ——系统尝试删除未替换过的磁盘的替换关系。

1380x008A ——系统尝试将磁盘结合到已经结合过的磁盘的目录。

1390x008B ——系统尝试将磁盘替换成已经替换过的磁盘的目录。

1400x008C ——系统尝试将磁盘替换成已经替换过的磁盘的目录。

1410x00 ——系统尝试将磁盘 SUBST 成已结合的磁盘目录。

1420x008E ——系统此刻无法执行 JOIN 或 SUBST。

1430x008F ——系统无法将磁盘结合或替换同一磁盘下目录。

1440x0090 ——这个目录不是根目录的子目录。

1450x0091 ——目录仍有资料。

1460x0092 ——指定的路径已经被替换过。

1470x0093 ——资源不足，无法处理这项指令。

1480x0094 ——指定的路径这时候无法使用。

1490x0095 ——尝试要结合或替换的磁盘目录，是已经替换过的目标。

1500x0096 ——CONFIG.SYS 未指定系统追踪资讯，或是追踪功能被取消。

1510x0097 ——指定的 semaphore 事件 DosMuxSemWait 数目不正确。

1520x0098 ——DosMuxSemWait 没有执行；设定太多的 semaphore。

1530x0099 ——DosMuxSemWait 清单不正确。

1540x009A ——您所输入的储存媒体标元长度限制。

1550x009B ——无法建立其他的执行绪。

1560x009C ——接收行程拒绝接受信号。

1570x009D ——区段已经被舍弃，无法被锁定。

1580x009E ——区段已经解除锁定。

1590x009F ——执行绪识别码的位址不正确。

1600x00A0 ——传到 DosExecPgm 的引数字串不正确。

1610x00A1 ——指定的路径不正确。

1620x00A2 ——信号等候处理。

1640x00A4 ——系统无法建立执行绪。

1670x00A7 ——无法锁定文件的部分范围。

1700x00AA ——所要求的资源正在使用中。

1730x00AD ——取消范围的锁定要求不明显。

1740x00AE ——文件系统不支持自动变更锁定类型。

1800x00B4 ——系统发现不正确的区段号码。

1820x00B6 ——操作系统无法执行。

1830x00B7 ——文件已存在，无法建立同一文件。

1860x00BA ——传送的旗号错误。

1870x00BB ——指定的系统旗号找不到。

1880x00BC ——操作系统无法执行。

1890x00BD ——操作系统无法执行。

1900x00BE ——操作系统无法执行。

1910x00BF ——无法在 Win32 模式下执行。

1920x00C0 ——操作系统无法执行。

1930x00C1 ——不是正确的 Win32 应用程序。

1940x00C2 ——操作系统无法执行。

1950x00C3 ——操作系统无法执行。

1960x00C4 ——操作系统无法执行这个应用程序。

1970x00C5 ——操作系统目前无法执行这个应用程序。

1980x00C6 ——操作系统无法执行。

1990x00C7 ——操作系统无法执行这个应用程序。

2000x00C8 ——程序码的区段不可以大于或等于 64 KB。

2010x00C9 ——操作系统无法执行。

2020x00CA ——操作系统无法执行。

2030x00CB ——系统找不到输入的环境选项。

2050x00CD ——在指令子目录下，没有任何行程有信号副处理程序。

2060x00CE ——文件名称或副档名太长。

2070x00C ——Fring2 堆叠使用中。

2080x00D0 ——输入的通用档名字元*或？不正确，或指定太多的通用档名字元。

2090x00D1 ——所传送的信号不正确。

2100x00D2 ——无法设定信号处理程序。

2120x00D4 ——区段被锁定，而且无法重新配置。

2140x00D6 ——附加到此程序或动态连接模组的动态连接模组太多。

2150x00D7 ——不能嵌套调用 LoadModule。

2300x00E6 ——管道状态无效。

2310x00E7 ——所有的管道范例都在忙碌中。

2320x00E8 ——管道被关闭。

2330x00E9 ——没有进程在管的另一端。

2340x00EA ——有更多可用的资料。

2400x00F0 ——作业阶段被取消。

2540x00FE ——指定的延伸属性名称无效。

2550x00FF ——延伸的属性不一致。

2590x0103 ——没有可用的资料。

2660x010A ——无法使用 CopyAPI。

2670x010B ——目录名称错误。

2750x0113 ——延伸属性不适用于缓冲区。

2760x0114 ——在外挂的文件系统上的延伸属性文件已经毁损。

2770x0115 ——延伸属性表格档满。

2780x0116 ——指定的延伸属性代码无效。

2820x011A ——外挂的这个文件系统不支持延伸属性。

2880x0120 ——意图释放不属于调用者的 mutex。

2980x012 ——Asemaphore 传送次数过多。

2990x012B ——只完成 Read/Write Process Memory 的部份要求。

3170x013D ——系统找不到位于信息档%2 中编号为 0x 的讯息。

4870x01E7 ——尝试存取无效的位址。

5340x0216 ——运算结果超过 32 位元。

5350x0217 ——通道的另一端有一个行程在接送资料。

5360x0218——等候行程来开启通道的另一端。

9940x03E2——存取延伸的属性被拒。

9950x03E3——由于执行绪结束或应用程序要求，而异常终止 I/O 作业。

9960x03E4——重叠的 I/O 事件不是设定成通知状态。

9970x03E5——正在处理重叠的 I/O 作业。

9980x03E6——对记忆体位置的无效存取。

9990x03E7——执行 inpage 作业发生错误。

10010x03E9——递归太深，堆栈满溢。

10020x03EA——窗口无法用来传送讯息。

10030x03EB——无法完成这项功能。

10040x03EC——旗号无效。

10050x03ED——储存媒体未含任何可辨识的文件系统。请确定以加载所需的系统驱动程序，而且该储存媒体并未毁损。

10060x03EE——储存该文件的外部媒体发出警告，表示该已开启文件已经无效。

10070x03EF——所要求的作业无法在全屏幕模式下执行。

10080x03F0——试图引用不存在的记号。

10090x03F1——组态系统登录数据库毁损。

10100x03F2——组态系统登录机码无效。

10110x03F3——无法开启组态系统登录机码。

10120x03F4——无法读取组态系统登录机码。

10130x03F5——无法写入组态系统登录机码。

10140x03F6——系统登录数据库中的一个文件必须使用记录或其他备份还原。已经还原成功。

10150x03F7——系统登录毁损。其中某个文件毁损，或者该文件的系统对应内存毁损，会使文件无法复原。

10160x03F8——系统登录起始的 I/O 作业发生无法复原的错误。系统登录无法读入、写出或更新，其中的一个文件内含系统登录在内存中的内容。

10170x03F9——系统尝试将文件加载系统登录或将文件还原到系统登录中，但是，指定文件的格式不是系统登录文件的格式。

10180x03FA——尝试用标示为删除的系统登录机码执行不合法的操作。

10180x03FA——尝试用标示为删除的系统登录机码执行不合法的操作。

10190x03FB——系统无法配置系统登录记录所需的空间。

10200x03FC——无法在已经有子机码或数值的系统登录机码建立符号连接。

10210x03FD——无法在临时机码下建立永久的子机码。

10220x03FE——变更要求的通知完成，但信息并未透过呼叫者的缓冲区传回。呼叫者现在需要自行列举文件，找出变更的地方。

10510x041B——停止控制已经传送给其他服务所依恃的一个服务。

10520x041C——要求的控制对此服务无效。

10530x041D——服务没有及时响应启动或控制请求。

1054 0x041E——无法建立服务的执行序。

1055 0x041F——服务数据库被锁定。

1056 0x0420——这种服务已经在执行。

1057 0x0421——账户名称错误或者不存在。

1058 0x0422——指定的服务暂停作用，无法激活。

1059 0x0423——指定循环服务从属关系。

1060 0x0424——指定的服务不是安装进来的服务。

1061 0x0425——该服务项目此时无法接收控制讯息。

1062 0x0426——服务尚未激活。

1063 0x0427——无法联机到服务控制程序。

1064 0x0428——处理控制要求时，发生意外状况。

1065 0x0429——指定的数据库不存在。

1066 0x042A——服务传回专属于服务的错误码。

1068 0x042C——从属服务或群组无法激活。

1069 0x042D——因为登入失败，所以没有激活服务。

1070 0x042E——在激活之后，服务在激活状态时当机。

1071 0x042F——指定服务数据库锁定无效。

1072 0x0430——指定的服务已经标示为删除。

1073 0x0431——指定的服务已经存在。

1074 0x0432——系统目前以上一次执行成功的组态执行。

1075 0x0433——从属服务不存在，或已经标示为删除。

1076 0x0434——目前的激活已经接受上一次执行成功的控制设定。

1118 0x045E——序列装置起始失败，会取消加载序列驱动程序。

1119 0x045F——无法开启装置。这个装置与其他装置共享岔断要求（IRQ）。至少已经有一个使用同一 IRQ 的其他装置已经开启。

1120 0x0460——一个串行 I/O 操作已由另一个写入串行端口完成（IOCTL_SERIAL_ XOFF_COUNTER 达到 0 时）。

1121 0x0461——因为已经过了逾时时间，所以序列 I/O 作业完成（IOCTL_SERIAL_XOFF_ COUNTER 不为零。）

1122 0x0462——在磁盘找不到任何的 ID 地址标示。

1123 0x0463——磁盘扇区 ID 字段与磁盘控制卡追踪地址不符。

1124 0x0464——软式磁盘驱动器控制卡回报了一个软式磁盘驱动器驱动程序无法识别的错误。

1125 0x0465——软式磁盘驱动器控制卡传回与缓存器中不一致的结果。

1126 0x0466——存取硬盘失败，重试后也无法作业。

1127 0x0467——存取硬盘失败，重试后也无法作业。

1128 0x0468——存取硬盘时，必须重设磁盘控制卡，但是连重设的动作也失败。

1129 0x0469——到了磁盘的最后。

1130 0x046A——可用服务器储存空间不足，无法处理这项指令。

11310x046B——发现潜在的死锁条件。

11320x046C——指定的基本地址或文件位移没有适当对齐。

11400x0474——尝试变更系统电源状态，但其他的应用程序或驱动程序拒绝。

11410x0475——系统 BIOS 无法变更系统电源状态。

11500x047E——指定的程序需要新的 Windows 版本。

11510x047F——指定的程序不是 Windows 或 MS-DOS 程序。

11520x0480——指定的程序已经激活，无法再激活一次。

11530x0481——指定的程序是为旧版的 Windows 所写的。

11540x0482——执行此应用程序所需的链接库文件之一毁损。

11550x0483——没有应用程序与此项作业的指定文件建立关联。

10770x0435——上一次激活之后，就没有再激活服务。

10780x0436——指定的名称已经用于服务名称或服务显示名称。

11000x044C——已经到了磁盘的最后。

11010x044D——到了文件标示。

11020x044E——遇到磁盘的开头或分割区。

11000x044C——已经到了磁盘的最后。

11010x044D——到了文件标示。

11020x044E——遇到磁盘的开头或分割区。

11030x044F——到了文件组的结尾。

11040x0450——磁盘没有任何资料。

11050x0451——磁盘无法制作分割区。

11060x0452——存取多重容体的新磁盘时，发现目前区块大小错误。

11070x0453——加载磁盘时，找不到磁盘分割区信息。

11080x0454——无法锁住储存媒体退带功能。

11090x0455——无法解除加载储存媒体。

11100x0456——磁盘驱动器中的储存媒体已经变更。

11110x0457——已经重设 I/O 总线。

11120x0458——磁盘驱动器没有任何储存媒体。

11130x0459——目标多字节代码页没有对应 Unicode 字符。

11140x045A——动态链接库（DLL）起始例程失败。

11150x045B——系统正在关机。

11160x045C——无法中止系统关机，因为没有关机的动作在进行中。

11170x045D——因为 I/O 装置发生错误，所以无法执行要求。

11560x0484——传送指令到应用程序发生错误。

11570x0485——找不到执行此应用程序所需的链接库文件。

12000x04B0——指定的装置名称无效。

12010x04B1——装置现在虽然未联机，但是它是一个记忆联机。

12020x04B2——尝试记忆已经记住的装置。

12030x04B3——提供的网络路径找不到任何网络提供程序。

1203 0x04B3 ——提供的网络路径找不到任何网络提供程序。

1204 0x04B4 ——指定的网络提供程序名称错误。

1205 0x04B5 ——无法开启网络联机设定文件。

1206 0x04B6 ——网络联机设定文件坏掉。

1207 0x04B7 ——无法列举非容器。

1208 0x04B8 ——发生延伸的错误。

1209 0x04B9 ——指定的群组名称错误。

1210 0x04BA ——指定的计算机名称错误。

1211 0x04BB ——指定的事件名称错误。

1212 0x04BC ——指定的网络名称错误。

1213 0x04BD ——指定的服务名称错误。

1214 0x04BE ——指定的网络名称错误。

1215 0x04BF ——指定的资源共享名称错误。

1216 0x04C0 ——指定的密码错误。

1217 0x04C1 ——指定的信息名称错误。

1218 0x04C2 ——指定的信息目的地错误。

1219 0x04C3 ——所提供的条件与现有的条件组发生冲突。

1220 0x04C4 ——尝试与网络服务器联机，但是与该服务器的联机已经太多。

1221 0x04C5 ——其他网络计算机已经在使用这个工作群组或网域名称。

参考文献

[1] 杨永华. 计算机组装与维护[M]. 北京：北京大学出版社，2008.

[2] 宋素萍，崔群法，倪宝童，杨继萍. 计算机组装与维护标准教程[M]. 北京：清华大学出版社，2011.

[3] 李远敏. 计算机组装与维护实训教程[M]. 北京：中国水利水电出版社，2008.

[4] 陈光海，杨智勇. 计算机组装与维护[M]. 南京：江苏教育出版社，2011.

[5] 电脑常见问题与故障 1000 例[EB/OL].[2012]. http://wenku.baidu.com/view/dd05f7eeb8f67c1cfad6b8f0. html?re=view&qq-pf-to=pcqq.c2c.

[6] 联想笔记本电脑整机拆解[EB/OL].[2011]. http://jingyan.baidu.com/article/ff42efa 947ac92c19e22029a.html?qq-pf-to=pcqq.c2c.

[7] virtualbox 使用图文教程[EB/OL].[2013]. http://jingyan.baidu.com/article/9c69d48f49186b13c9024e30.html?qq-pf-to=pcqq.c2c.